全国技工院校计算机类专业（中／高级技能层级）

Photoshop 平面设计与制作

（第三版）

实训题集

主　编　吕　猛
副主编　叶　矿　卢崇媚

中国劳动社会保障出版社

简介

本书是全国技工院校计算机类专业教材（中 / 高级技能层级）《Photoshop 平面设计与制作（第三版）》的配套实训题集。

本书按照教材项目、任务顺序编排，根据教材讲授的知识与技能设置实训任务，具有较强的可操作性和拓展性，可帮助学生进一步巩固所学知识，锻炼实际操作技能。

完成本书中实训任务所需的相关素材可在技工教育网（http://jg.class.com.cn）下载并使用。

本书由吕猛任主编，叶矿、卢崇媚任副主编，王彩霞、钟瑜静、谢雪华、秦文文、黄聪、黄丽怡、卢翡、黄香蜓、王剑锋、胡章君、董亚、钟丽芳参与编写。

图书在版编目（CIP）数据

Photoshop 平面设计与制作（第三版）实训题集 / 吕猛主编. -- 北京：中国劳动社会保障出版社，2024

全国技工院校计算机类专业. 中 / 高级技能层级

ISBN 978-7-5167-6249-3

Ⅰ. ①P… Ⅱ. ①吕… Ⅲ. ①平面设计 – 图像处理软件 – 技工学校 – 习题集 Ⅳ. ①TP391.413-44

中国国家版本馆 CIP 数据核字（2024）第 023560 号

中国劳动社会保障出版社出版发行

（北京市惠新东街 1 号 邮政编码：100029）

*

北京宏伟双华印刷有限公司印刷装订 新华书店经销

787 毫米 ×1092 毫米 16 开本 9.25 印张 180 千字

2024 年 2 月第 1 版 2024 年 2 月第 1 次印刷

定价：23.00 元

营销中心电话：400-606-6496

出版社网址：http://www.class.com.cn

http://jg.class.com.cn

目　录

CONTENTS

项目一
Photoshop 的初步认识

实训任务 1　为巧克力图案上色

一、实训情境

在某广告公司，设计师从设计总监处接受一项设计任务，为某公司产品图片（见图 1-1）填色，方便产品宣传。要求设计师在 5 分钟内，应用 Adobe Photoshop 2022 软件完成图像处理，最终效果如图 1-2 所示。

图 1-1　素材 1

图 1-2　最终效果

二、实训分析

本次任务是根据所提供的素材，通过魔棒工具、缩放命令等进行图片处理，为图片空白区域填充适当的颜色。在任务开始前，按照图 1-3 所示的思维导图复习教材中的知识点和技能点。

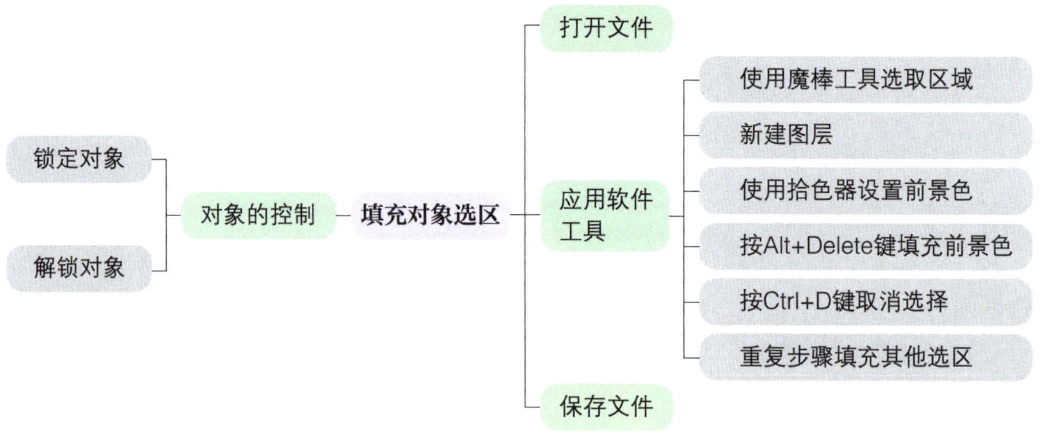

图 1-3　思维导图

三、实训计划制订

根据上一阶段的任务分析，完成实训计划的制订，填入表 1-1。

表 1-1　实训计划

序号	工作内容	所需时间

四、操作步骤提示

按照表 1-2 所列的操作步骤和操作要点，完成为巧克力图案上色的操作。

表 1-2　操作步骤提示

操作步骤	操作要点
导入素材	打开本任务素材 1 文件，调整图片至合适位置和大小
使用魔棒工具填色	使用魔棒工具单击需要填色的区域，分别新建四个图层，通过按 Alt+Delete 键依次在不同图层所需区域填充“ab5e49”“5c2313”“0cbfee”“d0f4ff”四种颜色
导出保存	选择“文件”→“存储为”，将文件分别保存为 PSD 及 JPG 两种格式

五、实训评价

通过最终作品效果展示，从软件操作、实训效果、成果展示等方面，采用学生自评、学生互评、教师评价相结合的多元化评价方式进行评价，实训评价表见表 1-3。

表 1-3　实训评价表

序号	评价要求	学生自评（占比 30%）	学生互评（占比 30%）	教师评价（占比 40%）
1	对工作内容的分析准确到位（20 分）			
2	熟练运用软件，操作得当（20 分）			
3	熟练使用魔棒工具、缩放命令等（30 分）			
4	灵活使用相关素材资料（20 分）			
5	图像颜色搭配合理（10 分）			
综合得分				

六、实训拓展

根据图 1-4 所示的最终效果，对本任务素材文件夹中素材 2（见图 1-5）进行颜色填充。注意最终效果图中图案颜色层次的变化，结合素材对创建的图层进行适当的排序。

图 1-4　最终效果

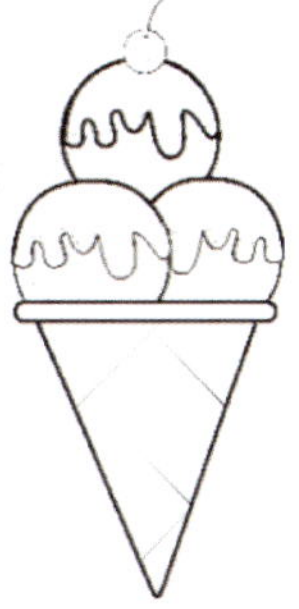

图 1-5　素材 2

七、知识巩固与提高

1. 在 Adobe Photoshop 2022 中新建文件的快捷键是（　　）键。

A. Ctrl+N　　B. Ctrl+O　　C. Ctrl+T　　D. Ctrl+S

2. 在 Adobe Photoshop 2022 中保存文件的快捷键是（　　）键。

A. Ctrl+N　　B. Ctrl+O　　C. Ctrl+T　　D. Ctrl+S

3. 在 Adobe Photoshop 2022 中填充前景色的快捷键是（　　）键。

A. Ctrl+C　　B. Ctrl+V　　C. Alt+Delete　　D. Ctrl+Delete

4. 在 Adobe Photoshop 2022 中填充背景色的快捷键是（　　）键。

A. Ctrl+N　　B. Ctrl+O　　C. Alt+Delete　　D. Ctrl+Delete

5. 在 Adobe Photoshop 2022 中取消选区的快捷键是（　　）键。

A. Ctrl+N　　B. Ctrl+O　　C. Ctrl+D　　D. Ctrl+T

实训任务 2　制作证件照

一、实训情境

在某摄影工作室，设计师从设计总监处接受一项设计任务，为客户摄影证件照进行图像处理，制作标准一寸证件照。要求设计师在 5 分钟内，应用 Adobe Photoshop 2022 软件完成图像处理，素材如图 1–6 所示，最终效果如图 1–7 所示。

图 1–6　素材 1

图 1–7　最终效果

二、实训分析

本次任务是根据所提供的照片素材，通过裁剪工具、定义图案和调整画布大小进行图片处理，排版制作冲印用的照片。在任务开始前，按照图 1–8 所示的思维导图复习教材中的知识点和技能点。

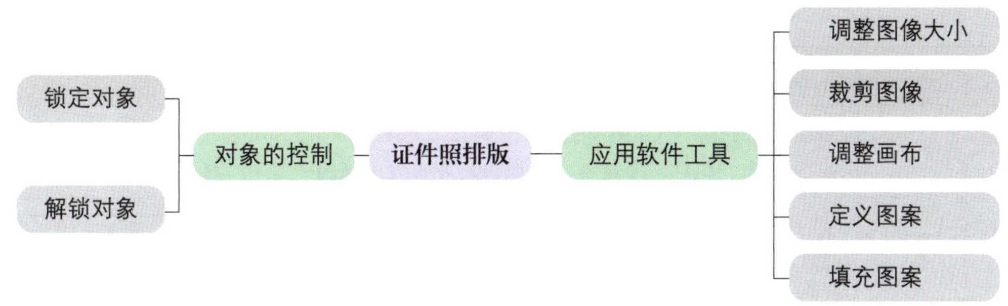

图 1-8　思维导图

三、实训计划制订

根据上一阶段的任务分析，完成实训计划的制订，填入表 1-4。

表 1-4　实训计划

序号	工作内容	所需时间

四、操作步骤提示

按照表 1-5 所列的操作步骤和操作要点，完成证件照的制作。

表 1-5　操作步骤提示

操作步骤	操作要点
导入素材	打开本任务素材 1 文件，调整图片至合适位置和大小
调整图像大小	选择“图像”→“图像大小”，设置图像“尺寸”为“600 像素 ×400 像素”，“分辨率”为“300 像素 / 英寸”，勾选“重新采样”复选框，设置参数为“两次立方（平滑渐变）”
裁剪图像	选择“裁剪工具”，设置“宽 × 高 × 分辨率”为“2.7 厘米 ×3.8 厘米 ×300 像素 / 厘米”，拖动图像至居中后确认

续表

操作步骤	操作要点
设置白边	选择“图像”→“画布大小”，设置“宽度”为“2.8 厘米”，“高度”为“3.9 厘米”，勾选“相对”复选框，图像四周即出现一圈白边
设置自定义图案	选择“编辑”→“定义图案”，输入“证件照小一寸.jpg”，单击“确定”按钮。新建一个空白文档，设置“宽度”为“11.2 厘米”，“高度”为“7.8 厘米”，“分辨率”为“300 像素 / 厘米”。选择“编辑”→“填充”，选择“内容”为“图案”，并选择刚刚定义的证件照图案
导出保存	选择“文件”→“存储为”，将文件分别保存为 PSD 及 JPG 两种格式

五、实训评价

通过最终作品效果展示，从软件操作、实训效果、成果展示等方面，采用学生自评、学生互评、教师评价相结合的多元化评价方式进行评价，实训评价表见表 1–6。

表 1–6　实训评价表

序号	评价要求	学生自评（占比 30%）	学生互评（占比 30%）	教师评价（占比 40%）
1	对工作内容的分析准确到位（20 分）			
2	熟练运用软件，操作得当（20 分）			
3	熟练完成裁剪图像、设置自定义图案等操作（30 分）			
4	灵活使用相关素材资料（20 分）			
5	图像排版设置合理（10 分）			
综合得分				

六、实训拓展

根据图 1–9 所示的最终效果，将本任务素材文件夹中素材 2（见图 1–10）设置为宽 600 像素、高 854 像素、分辨率 300 像素 / 英寸的图像大小，再裁剪为小一寸彩色证件照的标准尺寸（2.7 cm × 3.8 cm），最后设置白边（见图 1–11），排版制作成冲印用的照片。

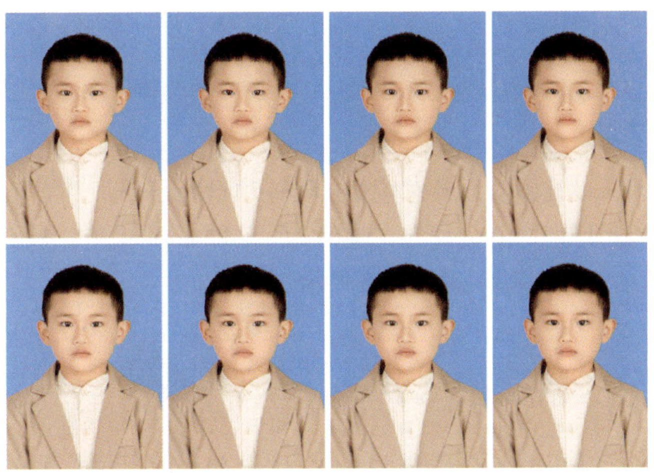

图 1-9 最终效果

图 1-10 素材 2

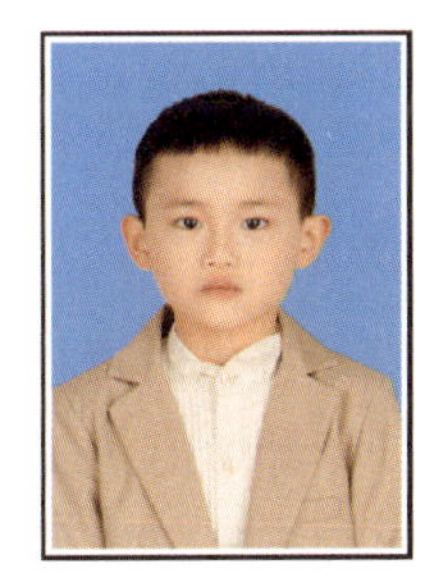

图 1-11 素材 2 设置白边效果

七、知识巩固与提高

1. 在 Adobe Photoshop 2022 中切换前景色与背景色的快捷键是（　　）键。

A. A　　B. B　　C. X　　D. D

2. 在 Adobe Photoshop 2022 中裁剪工具的快捷键是（　　）键。

A. A　　B. B　　C. C　　D. D

3. 在 Adobe Photoshop 2022 中缩放命令的快捷键是（　　）键。

A. E　　B. F　　C. G　　D. Z

4. 在本任务中小一寸照片的标准尺寸的宽、高各是（　　）厘米。

A. 2.7、3.8　　B. 2.8、3.9　　C. 2.7、3.9　　D. 2.8、3.8

5. 在本任务中设置照片画布宽度为 2.8 厘米、高度为 3.9 厘米，勾选“相对”复选框后，设置“新建大小”中“宽度”“高度”为（　　）厘米。

A. 0　　B. 0.1　　C. 0.2　　D. 0.3

实训任务 3　制作“福”字画

一、实训情境

在某广告公司，设计师从设计总监处接受一项设计任务，为某客户家中墙壁设计“福”字画。要求设计师在 10 分钟内，应用 Adobe Photoshop 2022 软件完成图像处理，素材如图 1–12 所示，最终效果如图 1–13 所示。

图 1–12　素材 1

图 1–13　最终效果

二、实训分析

本次任务是根据所提供的素材，通过填充、自由变换工具等进行图片处理，做出装饰画效果图。在任务开始前，按照图 1–14 所示的思维导图复习教材中的知识点和技能点。

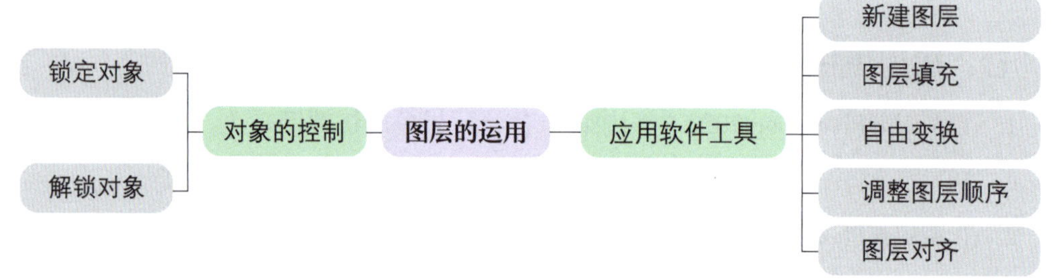

图 1–14　思维导图

三、实训计划制订

根据上一阶段的任务分析，完成实训计划的制订，填入表 1–7。

表 1–7　实训计划

序号	工作内容	所需时间

续表

序号	工作内容	所需时间

四、操作步骤提示

按照表 1–8 所列的操作步骤和操作要点，完成“福”字画的制作。

表 1–8　操作步骤提示

操作步骤	操作要点
导入素材	打开本任务素材 1 文件，调整图片至合适位置和大小
新建图层	分别新建三个图层，通过按 Alt+Delete 键依次在图层上填充“ff0000”“ffcc00”“ffffff”三种颜色
变换角度	选中红、黄两个图层并按 Ctrl+T 键自由变换 45°
调整图层	调整图层顺序，从下至上依次为：白色背景、黄色图层、红色图层、文字图层。按住 Ctrl+T 键的同时按 Alt 键等比缩放红色图层，将红、黄色图层中心对齐并显露出黄色边框
导出保存	选择“文件”→“存储为”，将文件分别保存为 PSD 及 JPG 两种格式

五、实训评价

通过最终作品效果展示，从软件操作、实训效果、成果展示等方面，采用学生自评、学生互评、教师评价相结合的多元化评价方式进行评价，实训评价表见表 1–9。

表 1–9　实训评价表

序号	评价要求	学生自评（占比 30%）	学生互评（占比 30%）	教师评价（占比 40%）
1	对工作内容的分析准确到位（20 分）			
2	熟练运用软件，操作得当（20 分）			
3	熟练完成填充、自由变换等操作（30 分）			

续表

序号	评价要求	学生自评（占比 30%）	学生互评（占比 30%）	教师评价（占比 40%）
4	灵活使用相关素材资料（20 分）			
5	图像颜色搭配合理（10 分）			
综合得分				

六、实训拓展

根据图 1–15 所示的最终效果，结合“福”字画制作的思维导图与步骤提示对本任务素材文件夹中素材 2（见图 1–16）进行图像处理。

图 1–15　最终效果

图 1–16　素材 2

七、知识巩固与提高

1. 在 Adobe Photoshop 2022 中自由变换的快捷键是（　　）键。

A. Ctrl+N　　B. Ctrl+O　　C. Ctrl+T　　D. Ctrl+S

2. 在 Adobe Photoshop 2022 中新建图层的方法不包括（　　）。

A. 单击“创建新图层”按钮　　B. 按 Ctrl+Shift+N 键

C. 选择“图层”→“新建”→“图层”　　D. 按 Ctrl+S 键

3. 在 Adobe Photoshop 2022 中等比缩放时需按住（　　）键。

A. Shift　　B. Ctrl　　C. Alt　　D. Delete

4. 在 Adobe Photoshop 2022 中向下合并图层的快捷键是（　　）键。

A. Ctrl+E　　B. Ctrl+V　　C. Alt+Delete　　D. Ctrl+Delete

5. 在 Adobe Photoshop 2022 中合并所有图层的快捷键是（　　）键。

A. Ctrl+N　　B. Ctrl+Shift+E　　C. Alt+Delete　　D. Ctrl+Delete

实训任务 4 图片批处理

一、实训情境

在某广告公司，设计师从设计总监处接受一项设计任务，为某产品图片素材进行批处理，在此之前要将图片进行批重命名。要求设计师在 5 分钟内，应用 Adobe Photoshop 2022 软件完成图像处理，素材如图 1-17 所示，最终效果如图 1-18 所示。

图 1-17 素材 1

图 1-18 最终效果

二、实训分析

本次任务是根据所提供的素材，使用 Bridge 窗口查看素材，并在其窗口中完成图片批重命名，完成后在 Photoshop 界面中继续使用动作面板完成照片大小的统一修改。在任务开始前，按照图 1-19 所示的思维导图复习教材中的知识点和技能点。

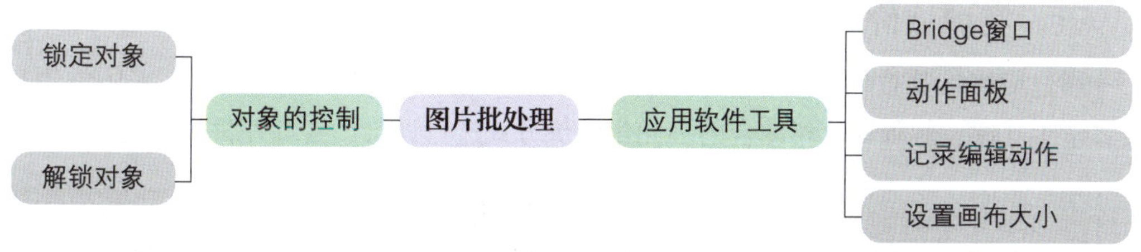

图 1-19 思维导图

三、实训计划制订

根据上一阶段的任务分析，完成实训计划的制订，填入表 1-10。

表 1-10　实训计划

序号	工作内容	所需时间

四、操作步骤提示

按照表 1-11 所列的操作步骤和操作要点，完成图片的批处理。

表 1-11　操作步骤提示

操作步骤	操作要点
批重命名	选择“文件”→“在 Bridge 中浏览”，在 Bridge 窗口中选择素材图片，选择“工具”→“批重命名”，将文件名设置为“美食”后确定，文件自动重新命名，关闭 Bridge 窗口
新建图层	在 Photoshop 窗口中打开文件“美食 1”，按 Alt+F9 键打开动作面板，单击“创建新动作”按钮，开始记录编辑动作。选择“图像”→“画布大小”，将“宽度”“长度”均设置为“500 像素”后确定，选择“文件”→“存储为”，将文件另存为 PSD 格式，在动作面板中单击“停止播放 / 记录”按钮
自动批处理	打开文件“美食 2”，单击“播放选定的动作”按钮，文件自动编辑后，将自动保存到打开的文件夹，其余文件按照同样的方法进行设置

五、实训评价

通过最终作品效果展示，从软件操作、实训效果、成果展示等方面，采用学生自评、学生互评、教师评价相结合的多元化评价方式进行评价，实训评价表见表 1-12。

表 1-12　实训评价表

序号	评价要求	学生自评（占比 30%）	学生互评（占比 30%）	教师评价（占比 40%）
1	对工作内容的分析准确到位（20 分）			
2	熟练运用软件，操作得当（20 分）			

续表

序号	评价要求	学生自评（占比 30%）	学生互评（占比 30%）	教师评价（占比 40%）
3	熟练完成批处理等操作（30 分）			
4	灵活使用相关素材资料（20 分）			
5	图像命名合理（10 分）			
综合得分				

六、实训拓展

根据图 1–20 所示的最终效果，对本任务素材文件夹中素材 2（见图 1–21）进行图片批处理。要求：设置文件名，设置画布大小的宽度和高度均为 500 像素，将文件存储为 PSD 格式。

鲜花01最终效果

鲜花02最终效果

鲜花03最终效果

鲜花04最终效果

图 1–20　最终效果

图 1–21　素材 2

七、知识巩固与提高

1. 在 Adobe Photoshop 2022 中打开动作面板的快捷键是（　　）键。

A. Alt+F9　　B. Ctrl+O　　C. Ctrl+T　　D. Ctrl+S

2. 在 Adobe Photoshop 2022 中安装好 Bridge 插件后，打开 Bridge 窗口的方法不包括（　　）。

A. 选择“文件”→“在 Bridge 中浏览”　　B. 按 Alt+Ctrl+O 键

C. 双击 Adobe Bridge 2022 软件图标　　D. 按 Ctrl+O 键

3. 在 Adobe Photoshop 2022 中使用 Bridge 对选中的文件重命名时，可以按（　　）键弹出“批重命名”对话框。

A. Ctrl+N　　B. Ctrl+O　　C. Ctrl+T　　D. Ctrl+Shift+R

4. 在 Adobe Photoshop 2022 中除了可以按 Alt+F9 键，还可以通过选择（　　）→“动作”打开动作面板。

A.“编辑”　　B.“选择”　　C.“窗口”　　D.“视图”

5. 在 Adobe Photoshop 2022 中保存文件时默认格式是（　　）。

A. JPG　　B. PSD　　C. GIF　　D. PNG

项目二
图像的绘制与处理

实训任务 1　制作小鸟的衣裳

一、实训情境

在某广告公司，设计师从设计总监处接受一项设计任务，为美观宣传需要，为“小鸟的羽毛”添加色彩效果。要求设计师在 20 分钟内，应用 Adobe Photoshop 2022 软件完成图像处理，素材如图 2-1 所示，最终效果如图 2-2 所示。

图 2-1　素材 1

图 2-2　最终效果

二、实训分析

本次任务是根据所提供的照片素材，使用画笔工具进行绘制，为素材添加色彩效果。在任务开始前，按照图 2-3 所示的思维导图复习教材中的知识点和技能点。

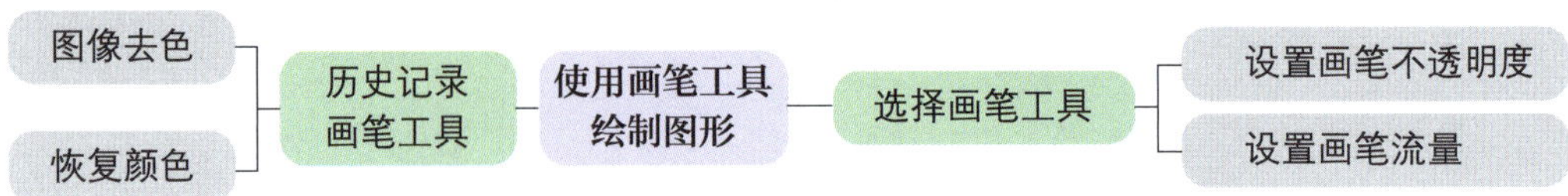

图 2-3　思维导图

三、实训计划制订

根据上一阶段的任务分析，完成实训计划的制订，填入表 2-1。

表 2-1　实训计划

序号	工作内容	所需时间

四、操作步骤提示

按照表 2-2 所列的操作步骤和操作要点，完成小鸟衣裳的制作。

表 2-2　操作步骤提示

操作步骤	操作要点
导入素材	打开本任务素材 1 文件，调整图片至合适位置和大小
设置画笔	用画笔工具设置前景色为“#f7c167”，设置画笔“直径”为“80 像素”，其他参数不变
建立选区	选择背景图层，用快速选择工具单击“翅膀”区域得到选区
画笔涂抹绘制	新建图层，使用画笔在翅膀上涂抹，绘制出色彩
调整混合模式	设置绘制图层的混合模式为“正片叠底”

五、实训评价

通过最终作品效果展示，从软件操作、实训效果、成果展示等方面，采用学生自评、学生互评、教师评价相结合的多元化评价方式进行评价，实训评价表见表 2-3。

表 2-3 实训评价表

序号	评价要求	学生自评（占比 30%）	学生互评（占比 30%）	教师评价（占比 40%）
1	对工作内容的分析准确到位（20 分）			
2	熟练运用软件，操作得当（20 分）			
3	熟练使用移动工具、调整图层样式（30 分）			
4	灵活使用相关素材资料（20 分）			
5	图像颜色搭配合理（10 分）			
综合得分				

六、实训拓展

参考图 2-4 所示的运动海报效果图，对本任务素材文件夹中素材 2（见图 2-5）进行图像处理，以“生命在于运动”为主题，使用 Adobe Photoshop 2022 软件设计并制作宣传海报。

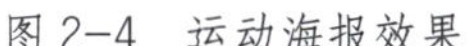
图 2-4 运动海报效果

图 2-5 素材 2

七、知识巩固与提高

1. 在 Adobe Photoshop 2022 中，下列选项中属于图层样式的是（　　）。

A. 叠加　　B. 斜面与浮雕　　C. 透明度　　D. 蒙版

2. 利用移动工具移动图像时按住（　　）键可以复制图像。

A. Shift　　B. Ctrl　　C. Alt　　D. Delete

3. 在 Adobe Photoshop 2022 中可设置和调整画笔工具的（　　）。

A. 形状　　B. 大小　　C. 颜色　　D. 以上选项都对

4. 在 Adobe Photoshop 2022 中画笔工具的流量起到的作用是（　　）。

A. 控制画笔的形状　　B. 控制画笔的方向

C. 控制画笔的不透明度　　D. 控制画笔颜色的轻重

5. 能够把彩色图像转换成黑白图像的图像调整命令是（　　）。

A. 色调均化　　B. 色调分离　　C. 去色　　D. 反相

实训任务 2　人像磨皮去痣

一、实训情境

在某摄影工作室，设计师从设计总监处接受一项设计任务，为客户摄影图片进行图像处理。要求设计师在 20 分钟内，应用 Adobe Photoshop 2022 软件对人物皮肤进行磨皮和去痣处理，素材如图 2-6 所示，最终效果如图 2-7 所示。

图 2-6　素材 1

图 2-7　最终效果

二、实训分析

本次任务是根据所提供的照片素材，使用滤镜进行人像磨皮，使用污点修复画笔工具进行去痣处理。在任务开始前，按照图 2-8 所示的思维导图复习教材中的知识点和技能点。

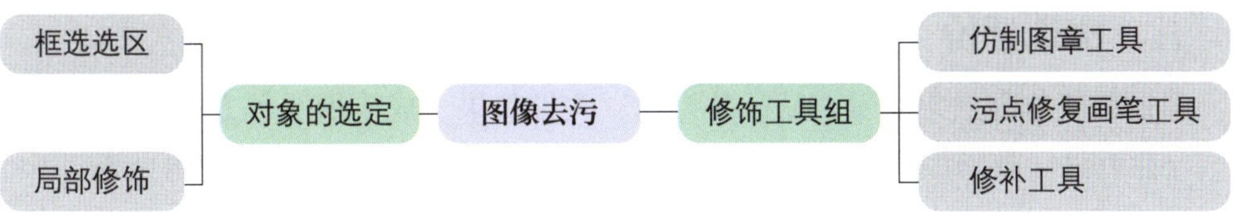

图 2-8　思维导图

三、实训计划制订

根据上一阶段的任务分析，完成实训计划的制订，填入表 2-4。

表 2-4　实训计划

序号	工作内容	所需时间

四、操作步骤提示

按照表 2-5 所列的操作步骤和操作要点，完成人像磨皮去痣的操作。

表 2-5　操作步骤提示

操作步骤	操作要点
导入素材	打开本任务素材 1 文件，按 Ctrl+J 键复制并新建一个图层
去除痣和斑点	使用污点修复画笔工具快速去除人像照片中的痣及皮肤斑点
模糊设置	选择复制的图层，选择“滤镜”→“模糊”→“高斯模糊”，设置“半径”为“5 像素”
添加图层蒙版	按住 Alt 键，单击底部的“添加蒙版”按钮添加图层蒙版
磨皮处理	将前景色设置为白色，选择画笔工具，将画笔的“不透明度”调整为“40%”左右，在黑色蒙版上涂抹出需要磨皮的区域（注意选择柔边的画笔在雀斑较多的地方多涂抹几次，人物的轮廓和眼睛不要涂抹）
合并可见图层	按 Ctrl+Alt+Shift+E 键合并盖印图层
污点修复	选择污点修复画笔工具，设置相应参数，单击人像痣处，直到清除干净为止

五、实训评价

通过最终作品效果展示，从软件操作、实训效果、成果展示等方面，采用学生自评、学生互评、教师评价相结合的多元化评价方式进行评价，实训评价表见表 2-6。

表 2-6　实训评价表

序号	评价要求	学生自评（占比 30%）	学生互评（占比 30%）	教师评价（占比 40%）
1	对工作内容的分析准确到位（20 分）			
2	熟练运用软件，操作得当（20 分）			
3	熟练使用污点修复画笔工具、滤镜（30 分）			
4	灵活使用相关素材资料（20 分）			
5	人像磨皮修复效果较好（10 分）			
综合得分				

六、实训拓展

参考图 2-9 所示的人像照片，依据客户需求使用 Adobe Photoshop 2022 软件对本任务素材文件夹中素材 2（见图 2-10）做磨皮去痣处理。

图 2-9　人像照片

图 2-10　素材 2

七、知识巩固与提高

1. 通过画笔工具下的选项不可以设定的内容是（　　）。

A. 喷枪　B. 透明度　C. 压力　D. 容差

2. 在 Alpha 通道中，黑色表示的含义是（　　）。

A. 完全选取的范围，为不透明区　B. 完全不选取的范围，为透明区

C. 部分选取的范围，为半透明区　　　　D. 以上选项都不对

3. 下列关于滤镜“高斯模糊”的说法中，正确的是（　　）。

A.“高斯模糊”最大值可以设定为 250 像素

B.“高斯模糊”最大值可以设定为 255 像素

C.“高斯模糊”最小值可以设定为 0.1 像素

D.“高斯模糊”最小值可以设定为 0.2 像素

4. 滤镜的作用对象是（　　）。

A. 路径　　B. 位图　　C. 像素　　D. 节点

5. 在 Adobe Photoshop 2022 图像处理中，用于人像去痣的工具不包括（　　）工具。

A. 修补　　B. 污点修复画笔

C. 修复画笔　　D. 魔棒

实训任务 3　为银杏叶上色

一、实训情境

在某广告公司，设计师从设计总监处接受一项设计任务，为银杏叶图片添加色彩，让叶子有渐变效果。要求设计师在 20 分钟内，应用 Adobe Photoshop 2022 软件完成图像处理，素材如图 2-11 所示，最终效果如图 2-12 所示。

图 2-11　素材 1

图 2-12　最终效果

二、实训分析

本次任务是根据所提供的照片素材，通过调整色相 / 饱和度进行图片处理，做出银杏叶色彩逼真的渐变效果图。在任务开始前，按照图 2-13 所示的思维导图复习教材中的知识点和技能点。

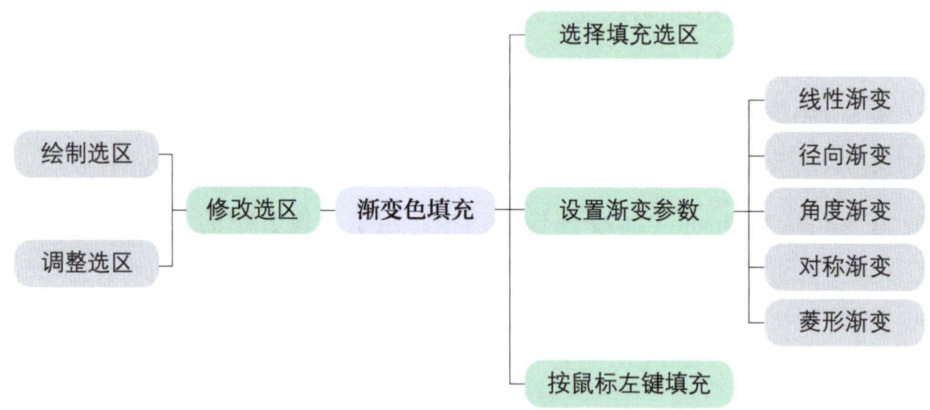

图 2-13　思维导图

三、实训计划制订

根据上一阶段的任务分析，完成实训计划的制订，填入表 2-7。

表 2-7　实训计划

序号	工作内容	所需时间

四、操作步骤提示

按照表 2-8 所列的操作步骤和操作要点，完成为银杏叶上色的操作。

表 2-8　操作步骤提示

操作步骤	操作要点
导入素材	打开本任务素材 1 文件，调整图片至合适位置和大小
调整色相 / 饱和度	选择“图像”→“调整”→“色相 / 饱和度”，在色相 / 饱和度面板中勾选“着色”复选框，调整“色相”为“120”，“饱和度”为“50”，“明度”为“+20”
设置渐变色	按 Ctrl 键载入选区，选择“渐变工具”，单击“点按可编辑渐变”按钮，在弹出的下拉菜单中新建一组渐变色，填充为“#235418”“#36ca3d”
渐变绘制	在渐变工具中设置渐变色，使用鼠标在选区中拖拽，绘制出渐变效果
调整不透明度	将绘制的渐变色“不透明度”调整为“50%”

五、实训评价

通过最终作品效果展示，从软件操作、实训效果、成果展示等方面，采用学生自评、学生互评、教师评价相结合的多元化评价方式进行评价，实训评价表见表 2-9。

表 2-9　实训评价表

序号	评价要求	学生自评（占比 30%）	学生互评（占比 30%）	教师评价（占比 40%）
1	对工作内容的分析准确到位（20 分）			
2	熟练运用软件，操作得当（20 分）			
3	熟练完成设置渐变色等操作（30 分）			
4	灵活使用相关素材资料（20 分）			
5	图像色调清晰合理（10 分）			
综合得分				

六、实训拓展

参考图 2-14 所示的博叶图片，使用 Adobe Photoshop 2022 软件为本任务素材文件夹中素材 2（见图 2-15）做色彩复原，给中间的博叶做出绿色渐变效果。

图 2-14　博叶

图 2-15　素材 2

七、知识巩固与提高

1. 用画笔工具进行图片局部改色时，采用的画笔模式是（　　）。

A. 颜色　　B. 正常　　C. 明度　　D. 饱和度

2. 下列对渐变填充工具功能的描述中，不正确的是（　　）。

A. 如果在不创立选区的情况下填充渐变色，渐变工具将作用于整个图像

B. 可以任意定义渐变色，不论是两色、三色还是多色

C. 不能将设定好的渐变色存储为一个渐变色文件

D. 在 Adobe Photoshop 2022 中共有五种渐变类型

3. 按（　　）键能够快速载入选区。

A. Ctrl　　B. Alt　　C. Shift　　D. Delete

4. 使用（　　）工具可以调整图像色彩的饱和度。

A. 加深　　B. 锐化　　C. 模糊　　D. 海绵

5. 下列选项中，不属于色彩三要素的是（　　）。

A. 色相　　B. 饱和度　　C. 对比度　　D. 明度

实训任务 4　为树林调色

一、实训情境

在某广告公司，设计师从设计总监处接受一项设计任务，为某摄影图片进行调色

处理。要求设计师在 20 分钟内，应用 Adobe Photoshop 2022 软件完成图像处理，素材如图 2-16 所示，最终效果如图 2-17 所示。

图 2-16　素材 1

图 2-17　最终效果

二、实训分析

本次任务是根据所提供的照片素材，使用加深工具、减淡工具对图片进行调整。在任务开始前，按照图 2-18 所示的思维导图复习教材中的知识点和技能点。

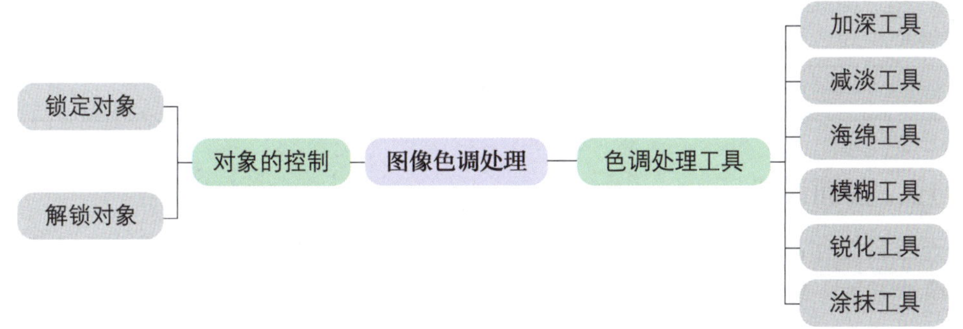

图 2-18　思维导图

三、实训计划制订

根据上一阶段的任务分析，完成实训计划的制订，填入表 2-10。

表 2-10　实训计划

序号	工作内容	所需时间

续表

序号	工作内容	所需时间

四、操作步骤提示

按照表 2-11 所列的操作步骤和操作要点，完成为树林调色的操作。

表 2-11　操作步骤提示

操作步骤	操作要点
导入素材	打开本任务素材 1 文件，调整图片至合适位置和大小
调整色阶	选择“图像”→“调整”→“色阶”，选择“RGB”通道，将“输入色阶”第一个滑块数值拉至“20”左右
加深	在工具栏中选择“加深工具”，设置“范围”为“阴影”，在树林黑暗处进行涂抹
减淡	选择“减淡工具”，涂抹需要变亮的区域

五、实训评价

通过最终作品效果展示，从软件操作、实训效果、成果展示等方面，采用学生自评、学生互评、教师评价相结合的多元化评价方式进行评价，实训评价表见表 2-12。

表 2-12　实训评价表

序号	评价要求	学生自评（占比 30%）	学生互评（占比 30%）	教师评价（占比 40%）
1	对工作内容的分析准确到位（20 分）			
2	熟练运用软件，操作得当（20 分）			
3	熟练使用色阶调整、加深和减淡工具（30 分）			
4	灵活使用相关素材资料（20 分）			
5	图像色调清晰合理（10 分）			
综合得分				

六、实训拓展

使用 Adobe Photoshop 2022 软件进行图像处理，参考图 2–19 所示的街道夜景效果，将本任务素材文件夹中素材 2（见图 2–20）调整为夜景效果。

图 2–19　街道夜景效果

图 2–20　素材 2

七、知识巩固与提高

1. 色阶调整的快捷键为（　　）键。

A. Ctrl+L　　B. Ctrl+J　　C. Ctrl+D　　D. Ctrl+B

2. 在 Adobe Photoshop 2022 中编辑图像时，减淡工具的作用是（　　）。

A. 使图像中某些像素变亮　　B. 删除图像中的某些像素

C. 使图像中某些像素变模糊　　D. 使图像中某些像素变淡

3. 在 Adobe Photoshop 2022 中编辑图像时，加深工具的作用是（　　）。

A. 使图像中某些像素变深　　B. 删除图像中的某些像素

C. 使图像中某些像素变模糊　　D. 使图像的亮度减小，图像变暗

4. 在 Adobe Photoshop 2022 中，通道不包括（　　）通道。

A. 彩色　　B. Alpha　　C. 专色　　D. 路径

5. 将背景图层转换为普通图层的方法是（　　）。

A. 双击背景图层　　B. 栅格化图层

C. 将其合并到其他图层　　D. 拼合图层

项目三
图层的应用

实训任务 1　制作相册封面

一、实训情境

在某影楼，负责数码相册后期处理工作的小王接到工作任务，为某客户制作一本相册的封面。要求小王在 10 分钟内使用客户提供的相册封面素材，应用 Adobe Photoshop 2022 软件完成相册封面效果图设计，素材如图 3-1 所示，最终效果如图 3-2 所示。

a）

b）

图 3-1　素材
a）素材 1　b）素材 2

图 3-2　最终效果

二、实训分析

本次任务是根据所提供的相册封面素材，使用多边形套索工具、缩放命令等进行处理，把客户照片替换到原有相册封面上，进行适当的排版展示。在任务开始前，按照图 3–3 所示的思维导图复习教材中的知识点和技能点。

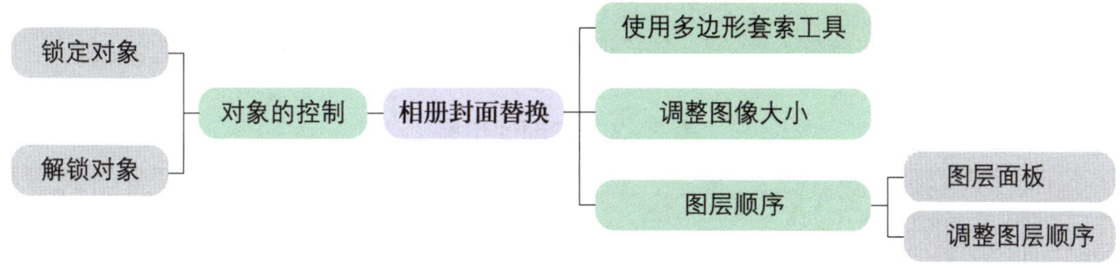

图 3–3　思维导图

三、实训计划制订

根据上一阶段的任务分析，完成实训计划的制订，填入表 3–1。

表 3–1　实训计划

序号	工作内容	所需时间

四、操作步骤提示

按照表 3–2 所列的操作步骤和操作要点，完成相册封面的制作。

表 3–2　操作步骤提示

操作步骤	操作要点
导入素材	打开本任务素材 1、素材 2 文件，调整图片至合适位置和大小
抠除内框照片	利用多边形套索工具在素材 1 中选择内框照片区域进行抠除
调整人物照片大小	使用移动工具将素材 2 拖入素材 1 中形成新图层，调整照片大小使其与相册内框匹配
调整图层顺序	将人物照片图层调整至相册封面图层下方，调整人物照片位置

五、实训评价

通过最终作品效果展示，从软件操作、实训效果、成果展示等方面，采用学生自评、学生互评、教师评价相结合的多元化评价方式进行评价，实训评价表见表 3-3。

表 3-3　实训评价表

序号	评价要求	学生自评（占比 30%）	学生互评（占比 30%）	教师评价（占比 40%）
1	对工作内容的分析准确到位（20 分）			
2	熟练运用软件，操作得当（20 分）			
3	熟练使用多边形套索工具等（30 分）			
4	灵活使用相关素材资料（20 分）			
5	图像版式构图合理（10 分）			
	综合得分			

六、实训拓展

通过新建不同的图层及调整图层顺序，利用椭圆选框工具、移动工具等制作如图 3-4 所示的奥运五环效果。

图 3-4　奥运五环效果

七、知识巩固与提高

1. 下列关于图层的操作描述中，错误的是（　　）。

A. 各图层的上下位置可以调整，但背景图层只能在最底层

B. 可以删除任意一个图层

C. 背景图层不能转换为普通图层进行编辑

D. 可以创建多个图层，各图层可以单独显示或隐藏

2. 下列图层中可以将图像自动对齐和分布的是（　　）图层。

A. 调节　　B. 链接　　C. 填充　　D. 背景

3. 下列关于调整图层的描述中，错误的是（　　）。

A. 调整图层可以影响其下方图层的图像

B. 调整图层对图层中的图像是非破坏性的

C. 调整图层可以更改不透明度

D. 调整图层可以影响其上方图层的图像

4. 下列关于图层的描述中，错误的是（　　）。

A. 背景图层可以转换为智能对象　　B. 背景图层可以转换为普通图层

C. 图层透明的部分是没有像素的　　D. 图层透明的部分是有像素的

5. 复制一个图层的操作是（　　）。

A. 选择“编辑”→“拷贝”

B. 选择“图像”→“复制”

C. 选择“文件”→“共享”

D. 将图层拖放到图层面板下方的“创建新图层”按钮上

实训任务 2　制作“虎虎生威”插画

一、实训情境

毕业生小张前往某广告公司应聘设计师岗位，应聘题目为根据所给素材（见图 3-5），在 20 分钟内应用 Adobe Photoshop 2022 软件完成如图 3-6 所示的“虎虎生威”插画的制作。

a）

b）

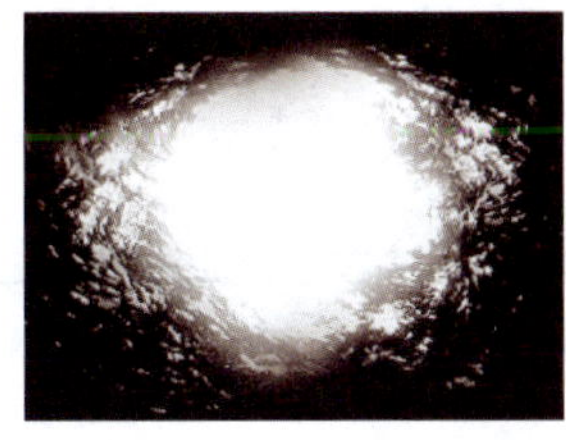

c）

图 3-5　素材

a）素材 1　b）素材 2　c）素材 3

图 3-6　最终效果

二、实训分析

本次任务是根据所提供的图片素材，使用移动工具、缩放命令、反相命令及应用图层混合模式进行图片效果处理。在任务开始前，按照图 3-7 所示的思维导图复习教材中的知识点和技能点。

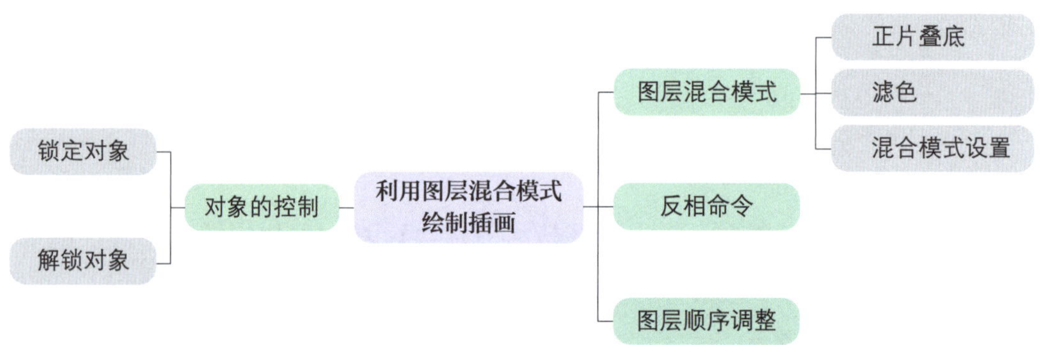

图 3-7　思维导图

三、实训计划制订

根据上一阶段的任务分析，完成实训计划的制订，填入表 3-4。

表 3-4　实训计划

序号	工作内容	所需时间

续表

序号	工作内容	所需时间

四、操作步骤提示

按照表 3–5 所列的操作步骤和操作要点，完成“虎虎生威”插画的制作。

表 3–5　操作步骤提示

操作步骤	操作要点
导入素材	打开本任务素材 1 文件，调整图片至合适位置和大小
设置正片叠底	使用移动工具将素材 2 拖入素材 1 文件中形成新图层，将其调整至画布中间位置，更改图层混合模式为“正片叠底”
设置滤色	使用移动工具将素材 3 拖入素材 1 文件中形成新图层，调整其大小至铺满画布，选择“反相”（或按 Ctrl+I 键），更改图层混合模式为“滤色”

五、实训评价

通过最终作品效果展示，从软件操作、实训效果、成果展示等方面，采用学生自评、学生互评、教师评价相结合的多元化评价方式进行评价，实训评价表见表 3–6。

表 3–6　实训评价表

序号	评价要求	学生自评（占比 30%）	学生互评（占比 30%）	教师评价（占比 40%）
1	对工作内容的分析准确到位（20 分）			
2	熟练运用软件，操作得当（20 分）			
3	熟练完成图层混合模式的设置（30 分）			
4	灵活使用相关素材资料（20 分）			
5	图像版式构图合理（10 分）			
综合得分				

六、实训拓展

利用文字工具、移动工具，通过设置图层混合模式及调整不透明度等操作，制作如图 3–8 所示的雪花字效果。

图 3-8 雪花字效果

七、知识巩固与提高

1. 下列关于图层混合模式说法中，正确的是（ ）。

A. 图层混合模式是指一个图层与其下层的形状叠加方式

B. 图层混合模式是指一个图层与其上层的颜色叠加方式

C. 图层混合模式的设置可在图层面板中进行

D. 图层混合模式的设置不能在图层面板中进行

2. 下列关于绘图中柔光模式的描述中，正确的是（ ）。

A. 绘图色的明暗程度决定最终色

B. 如果绘图色比 50% 的灰色要亮，那么图像变暗

C. 使用纯白色或黑色绘图时得到的是纯白色或黑色

D. 绘图色叠加到底色上，可保留底色的高光和阴影部分

3. 下列选项中，不属于图层混合模式的有（ ）。

A. 正常　　B. 颜色　　C. 叠加　　D. 高斯模糊

4. 下列关于图层混合模式的描述中，正确的是（ ）。

A. 混合模式可用于背景图层中

B. 混合模式不能用于背景图层中

C. 每个图层可以选择多种混合模式

D. 混合模式是不能被存储的

5. 在 Adobe Photoshop 2022 软件中，图层混合模式一共有（ ）种。

A. 24　　B. 25　　C. 26　　D. 27

实训任务 3　制作“木框刻字”效果

一、实训情境

小张参加学院图形图像处理技能大赛，按要求需在无素材的情况下，应用 Adobe Photoshop 2022 软件在 15 分钟内完成如图 3-9 所示最终效果的制作。

图 3-9　最终效果

二、实训分析

本次任务是根据所提供的效果图，通过选框工具、缩放命令、图层样式设置等进行创作，制作“木框刻字”图片效果。在任务开始前，按照图 3-10 所示的思维导图复习教材中的知识点和技能点。

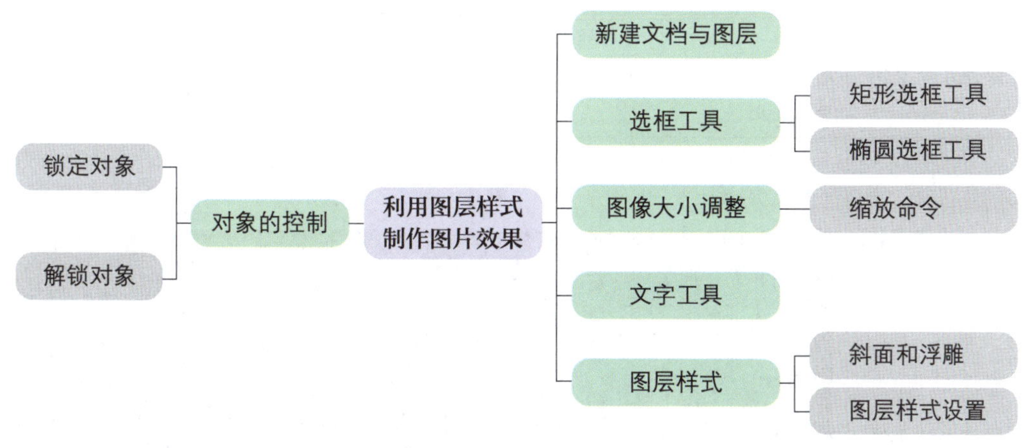

图 3-10　思维导图

三、实训计划制订

根据上一阶段的任务分析，完成实训计划的制订，填入表 3-7。

表 3-7　实训计划

序号	工作内容	所需时间

四、操作步骤提示

按照表 3-8 所列的操作步骤和操作要点，完成“木框刻字”效果的制作。

表 3-8　操作步骤提示

操作步骤	操作要点
新建文档	新建一个高为 5 厘米、宽为 3.5 厘米、分辨率为 300 像素 / 英寸的白底文档
制作木板形状	新建“图层 1”，利用矩形选框工具，建立一个大小合适的矩形选区，填充木框图案形成木板。利用椭圆选框工具对木板四个角进行 1/4 圆删除操作，形成内圆角木板效果
制作木板立体效果	复制“图层 1”为“图层 1 副本”，缩小“图层 1 副本”，并利用对齐命令将两个图层居中对齐，按图示设置“图层 1 副本”图层样式 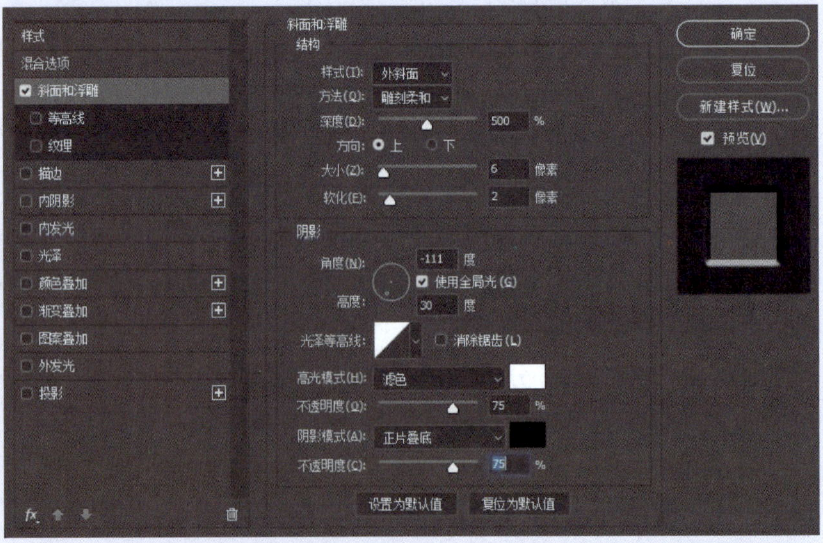

续表

操作步骤	操作要点
制作文字效果	利用横排文字工具输入“学海无涯”，设置合适的字号，设置字体为微软雅黑，调整文字居于木板正中间位置，按图示设置文字图层样式

五、实训评价

通过最终作品效果展示，从软件操作、实训效果、成果展示等方面，采用学生自评、学生互评、教师评价相结合的多元化评价方式进行评价，实训评价表见表 3-9。

表 3-9　实训评价表

序号	评价要求	学生自评（占比 30%）	学生互评（占比 30%）	教师评价（占比 40%）
1	对工作内容的分析准确到位（20 分）			
2	熟练运用软件，操作得当（20 分）			
3	熟练使用选框、横排文字等工具，熟练完成设置图层样式等操作（30 分）			
4	灵活使用相关素材资料（20 分）			
5	图像版式构图合理（10 分）			
综合得分				

六、实训拓展

利用选框工具、文字工具、钢笔工具等，通过设置图层样式及调整不透明度制作如图 3-11 所示的水晶按钮效果。

图 3-11　水晶按钮效果

七、知识巩固与提高

1. 下列选项中，不属于“图层样式”效果的是（　　）。

A. 镜头光晕　　B. 外发光　　C. 斜面和浮雕　　D. 内发光

2. 在 Adobe Photoshop 2022 中，下列效果中不能通过“图层样式”直接实现的是（　　）。

A. 内阴影　　B. 模糊　　C. 外发光　　D. 内发光

3. 当前图层上有一个灯笼，要使灯笼散发出黄色的光芒，应使用的图层样式是（　　）。

A. 斜面和浮雕　　B. 外发光　　C. 内发光　　D. 内阴影

4. 下列图层样式中，可以沿图像边缘填充一种颜色的是（　　）。

A. 描边　　B. 内投影　　C. 投影　　D. 外发光

5. 下列选项中，不属于“投影”图层样式参数的是（　　）。

A. 角度　　B. 扩展　　C. 大小　　D. 软化

项目四
综合项目训练一

实训任务　制作艺术作品展邀请函

一、实训情境

艺术学院拟举办一个以“艺术描绘色彩斑斓的世界”为主题的艺术作品展，目的是丰富校园艺术文化生活，增强艺术魅力，激发学生的学习兴趣，彰显同学们的艺术才华，提高学生的艺术创作能力和鉴赏能力，增进同学之间的艺术文化交流。现学院将本次作品展的邀请函交由我院学生自主设计。

此邀请函按 A4 尺寸设计，要求以“艺术描绘色彩斑斓的世界”为主题，画面具有感染力和视觉冲击力，可大胆创新，风格不限，展览的相关信息清晰明了，参考案例如图 4-1 所示。

图 4-1　参考案例

二、实训分析

本次任务是根据所提供的图片素材，使用选框工具的相关命令、颜色填充命令和图层的相关知识来完成制作。在任务开始前，按照图 4-2 所示的思维导图复习教材中的知识点和技能点。

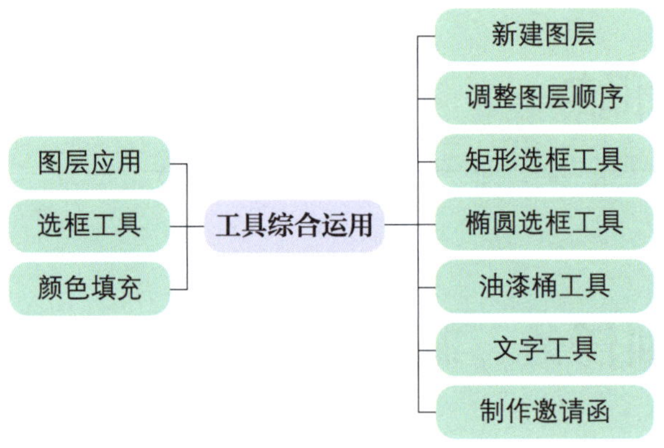

图 4-2　思维导图

三、实训过程

1. 资讯收集

通过教师给定网站或者其他网站的资料及参考案例，有针对性地收集 5 张有代表性的邀请函作品，并分析归纳这些作品的设计关键元素，填入表 4-1。

表 4-1　设计关键元素情况表

设计元素	特点

2. 计划任务

（1）通过分析项目情况了解本次展览的意义、解读“艺术描绘色彩斑斓的世界”主题等一系列重点内容。

（2）归纳邀请函的设计特点、设计形式、设计流程等方面的内容。

（3）将所有任务进行分工，并将任务分工情况填入表 4–2。

表 4–2　任务分工情况表

组别		总监	
成员	分工	具体任务	备注

3. 任务决策

（1）集思广益，积极讨论，完善方案。

（2）小组选派代表展示设计方案，其他小组成员相互评价，并提出修改意见，最终确定方案。

4. 任务实施

（1）小组成员深入讨论，构思草图的绘制。

（2）将最终方案进行手绘呈现。

（3）小组讨论草图初稿，填写草图设计评价表（见表 4–3），并进一步完善草图。

表 4–3　草图设计评价表

项目	评价内容	得分 / 分
分析能力（20 分）	任务书分析到位，准确把握设计关键元素	
构思能力（30 分）	构思能准确表达主题	
软件能力（20 分）	熟练运用软件将草图绘制为成品	
学习能力（20 分）	学习主动、积极	
协作能力（5 分）	小组合作，共同完成制作任务	
时间把控能力（5 分）	在规定时间内完成各项任务	
综合得分		

（4）按照完善后的草图，利用软件进行绘制，将实施过程中的经验、所遇问题和心得体会等记录在表 4–4 中。

表 4–4　实训记录表

所遇问题或难点	解决方法或心得体会

5. 作品展示

（1）小组派代表展示作品，并陈述设计理念。

（2）听取教师点评，将点评和改进意见记录在表 4–5 中。

表 4–5　作品评价表

序号	点评和改进意见

四、实训评价

本项目采用学生自评、组内互评、教师评价相结合的多元化评价方式，从学生自主学习、团队合作、软件知识的运用等方面进行评价。

1. 学生自评

对自己在本项目实训环节中的表现进行评价，填入表 4–6。

表 4–6　学生自评表（占比 25%）

序号	评价要素	分值 / 分	自评得分 / 分
1	课堂上表现活跃，积极回答问题	10	
2	在小组团队中积极讨论，协助成员完成任务	10	
3	熟练运用软件，操作得当	20	
4	熟练使用邀请函制作中涉及的各种工具	25	
5	灵活使用相关素材资料	20	
6	图像版式构图合理	15	
综合得分			

2. 组内互评

小组成员在方案研讨、草图设计等环节进行组内成员相互评价，填入表 4–7。

表 4–7　组内互评表（占比 35%）

序号	评价要素	分值 / 分	互评得分 / 分
1	积极参与工作、制订计划，提前做好各项准备	15	
2	能解读“艺术描绘色彩斑斓的世界”主题	15	
3	对任务书中的要求分析到位	20	
4	在草图绘制中体现创意、专业性	15	
5	熟练运用软件，操作得当	25	
6	团队合作意识强，具备良好的沟通表达能力	10	
综合得分			
评分成员			

3. 教师评价

教师针对各个小组在邀请函制作过程中的各方面表现进行综合性评价，包括学生对本次展览意义的了解，对“艺术描绘色彩斑斓的世界”主题的解读、计划制订、草图绘制、软件操作和沟通能力等，填入表 4–8。

表 4–8　教师评价表（占比 40%）

项目	评价要素	分值 / 分	教师打分 / 分
规范仪态	上课除学习外，不私自使用手机	5	
	精神面貌良好，仪容仪表规范	5	
综合表现	按照班课任务学习，准确回答教师的提问	5	
	准确领会展览主题，有序开展计划制订	5	
	绘制的草图能清晰传递展览信息	10	
	熟练运用软件对草图进行绘制	25	
	具有良好的沟通协调能力	10	
展示拓展	作品展示有创意、形式新颖	10	
	最终成品运用效果良好	10	
	作品展示获各方良好评价	15	
综合得分			
评分教师			

五、实训拓展

1. 综合多方建议继续完善邀请函作品。

2. 编写、设计推文，做到图文并茂，将邀请函作品上传到微信公众号，进行线上作品展示。

六、知识巩固与提高

1. 下列选项中，（　　）工具可以绘制形状规则的选区。

A. 钢笔　　B. 椭圆选框　　C. 魔棒　　D. 磁性套索

2. 要使某图层与其下面的图层合并，可按（　　）键。

A. Ctrl+K　　B. Ctrl+D　　C. Ctrl+E　　D. Ctrl+J

3. 使用椭圆选框工具时，需配合（　　）键才能绘制出正圆。

A. Shift　　B. Ctrl

C. Tab　　D. Photoshop 不能画正圆

4. 在编辑一个渐变色彩时，可以被编辑的是（　　）。

A. 前景色　　B. 位置　　C. 色彩　　D. 不透明度

5. 在 Adobe Photoshop 2022 中利用渐变工具创建从黑色至白色的渐变效果，要想使两种颜色的过渡非常平缓，下列操作中有效的是（　　）。

A. 使用渐变工具做拖动操作，距离尽可能拉长

B. 将利用渐变工具拖动时的线条尽可能拉短

C. 将利用渐变工具拖动时的线条绘制为斜线

D. 将渐变工具的不透明度降低

项目五
路径和文字工具的应用

实训任务 1　制作“小雪人”插画

一、实训情境

在某广告公司，设计师从设计总监处接受一项设计任务，为某公司制作一款简单插画，作为橱窗陈列的背景。要求设计师在 15 分钟内，应用 Adobe Photoshop 2022 软件完成插画绘制，素材如图 5-1 所示，最终效果如图 5-2 所示。

图 5-1　素材

图 5-2　最终效果

二、实训分析

本次任务是根据所提供的素材，利用钢笔工具和形状工具等来完成制作。在任务开始前，按照图 5-3 所示的思维导图复习教材中的知识点和技能点。

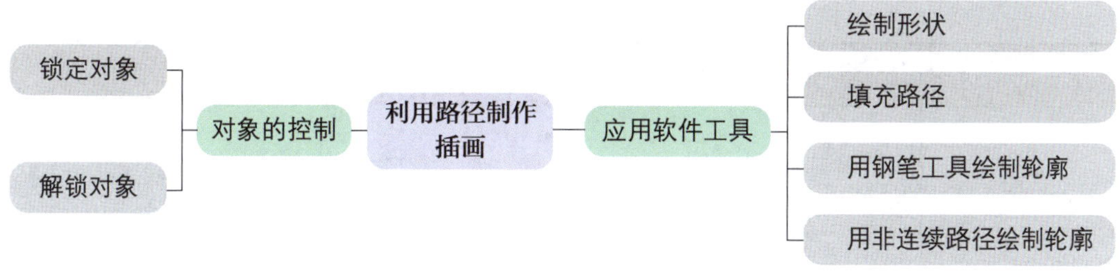

图 5-3　思维导图

三、实训计划制订

根据上一阶段的任务分析，完成实训计划的制订，填入表 5-1。

表 5-1　实训计划

序号	工作内容	所需时间

四、操作步骤提示

按照表 5-2 所列的操作步骤和操作要点，完成“小雪人”插画的制作。

表 5-2　操作步骤提示

操作步骤	操作要点
导入素材	打开本任务素材文件，调整图片至合适位置和大小
绘制帽子	用自定形状工具中的“雨滴”形状绘制帽子，用前景色“#f28585”填充路径

续表

操作步骤	操作要点
绘制身躯和眼睛	用椭圆工具绘制雪人身躯和眼睛，调整至合适大小
绘制围巾和鼻子	用钢笔工具绘制围巾轮廓和鼻子，调整至合适大小
绘制围巾纹理	用非连续路径绘制围巾纹理，调整至合适大小

五、实训评价

通过最终作品效果展示，从软件操作、实训效果、成果展示等方面，采用学生自评、学生互评、教师评价相结合的多元化评价方式进行评价，实训评价表见表 5-3。

表 5-3　实训评价表

序号	评价要求	学生自评（占比 30%）	学生互评（占比 30%）	教师评价（占比 40%）
1	对工作内容的分析准确到位（20 分）			
2	熟练运用软件，操作得当（20 分）			
3	熟练使用钢笔工具和常见的形状工具等（30 分）			
4	灵活使用相关素材资料（20 分）			
5	最终效果图的版式及构图合理（10 分）			
综合得分				

六、实训拓展

1. 参考图 5-4 所示的橱窗背景，以“心灵之光工作室”为设计主题，用 Adobe Photoshop 2022 软件设计并制作“心灵之光工作室”橱窗背景。

2. 参考图 5-5 所示的橱窗背景，以“咖啡屋”为设计主题，用 Adobe Photoshop 2022 软件设计并制作“咖啡屋”橱窗背景。

图 5-4 “心灵之光工作室”橱窗背景

图 5-5 “咖啡屋”橱窗背景

七、知识巩固与提高

1. 在 Adobe Photoshop 2022 中，(　　) 用于建立选区并定义图像的区域。

A. 图层　　B. 路径　　C. 画笔工具　　D. 魔棒工具

2. 使用 (　　) 工具可以创建形状图层和工作路径。

A. 图层　　B. 画笔　　C. 绘图　　D. 魔棒

3. 形状与分辨率 (　　)。

A. 有关　　B. 无关

C. 是同一概念　　D. 是相反的概念

4. 在 Adobe Photoshop 2022 中的 (　　) 是由以数学方式定义的形状组成，这些形状描述的是某种字体的字母、数字和符号。

A. 文字　　B. 图形　　C. 画笔　　D. 图层

5. 在 Adobe Photoshop 2022 中，(　　) 创建文字形状的选区。

A. 不可以　　B. 可以直接

C. 使用插件后可以　　D. 无法确定

实训任务 2　制作“山水之家”标志

一、实训情境

在某广告公司，设计师从设计总监处接受一项设计任务，为一家民宿“山水之家”设计标志，突出该民宿具有自然山水风光的特点。要求设计师在 15 分钟内，应用 Adobe Photoshop 2022 软件完成标志制作，素材如图 5-6 所示，最终效果如图 5-7 所示。

图 5-6　素材　　图 5-7　最终效果

二、实训分析

本次任务是根据所提供的素材，利用常见的形状工具、钢笔工具、直接选择工具和文字工具等来完成制作。在任务开始前，按照图 5-8 所示的思维导图复习教材中的知识点和技能点。

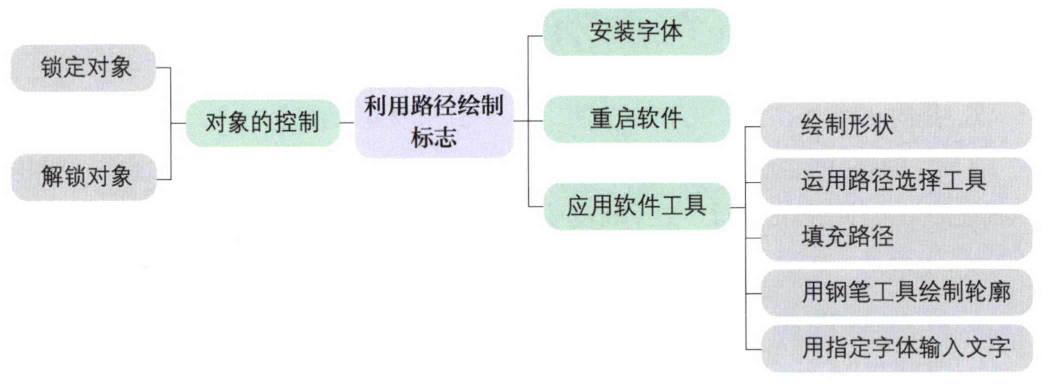

图 5-8　思维导图

三、实训计划制订

根据上一阶段的任务分析，完成实训计划的制订，填入表 5-4。

表 5-4　实训计划

序号	工作内容	所需时间

四、操作步骤提示

按照表 5-5 所列的操作步骤和操作要点，完成“山水之家”标志的制作。

表 5-5　操作步骤提示

操作步骤	操作要点
安装字体	安装本任务用到的“方正古隶简体 .TTF”字体文件
导入素材	打开本任务素材文件，调整图片至合适位置和大小
绘制山的轮廓	运用矩形工具绘制两个矩形进行相减，旋转后得到两座山的轮廓形状，用前景色填充路径
绘制山水	用钢笔工具绘制山水，直接选择工具调整锚点至合适位置
编辑文字	用“方正古隶简体”字体输入“山水之家”

五、实训评价

通过最终作品效果展示，从软件操作、实训效果、成果展示等方面，采用学生自评、学生互评、教师评价相结合的多元化评价方式进行评价，实训评价表见表 5-6。

表 5-6　实训评价表

序号	评价要求	学生自评（占比 30%）	学生互评（占比 30%）	教师评价（占比 40%）
1	对工作内容的分析准确到位（20 分）			

续表

序号	评价要求	学生自评（占比 30%）	学生互评（占比 30%）	教师评价（占比 40%）
2	熟练运用软件，操作得当（20 分）			
3	熟练使用钢笔工具和常见的形状工具等（30 分）			
4	灵活使用相关素材资料（20 分）			
5	最终效果图的版式及构图合理（10 分）			
综合得分				

六、实训拓展

1. 参考图 5-9 所示的标志设计，以“随心网球馆”为设计主题，用 Adobe Photoshop 2022 软件设计并制作“随心网球馆”标志。

2. 参考图 5-10 所示的标志设计，以“桃香四溢”为设计主题，用 Adobe Photoshop 2022 软件设计并制作“桃香四溢”标志。

图 5-9 “随心网球馆”标志设计

图 5-10 “桃香四溢”标志设计

七、知识巩固与提高

1. 下列关于路径的描述中，正确的是（　　）。

A. 橡皮擦工具不能对路径进行描边操作

B. 不能使用图案填充路径

C. 通过将路径缩览图拖至“创建新路径”按钮上，能够复制该路径

D. 不能使用涂抹工具对路径进行描边操作

2. 下列选项中，不属于路径选择工具的是（　　）。

A. 用前景色填充路径　　B. 将选区存储为通道

C. 用画笔描边路径　　D. 添加图层蒙版

3. 形状工具组有（　　）个工具。

A. 4　　B. 5　　C. 6　　D. 7

4. 在 Adobe Photoshop 2022 中，使用（　　）工具可以创建硬边线条。

A. 历史记录画笔　　B. 铅笔

C. 钢笔　　D. 画笔

5. 下列选项中，不属于路径组成元素的是（　　）。

A. 直线　　B. 曲线　　C. 锚点　　D. 像素

实训任务 3　制作“城市天空”装饰图

一、实训情境

在某广告公司，设计师从设计总监处接受一项设计任务，为某客户做一张装饰图。要求设计师在 15 分钟内，应用 Adobe Photoshop 2022 软件完成图像处理，将装饰图效果图交给客户，素材如图 5-11 所示，最终效果如图 5-12 所示。

a）

b）

图 5-11　素材

a）素材 1　b）素材 2

图 5-12　最终效果

二、实训分析

本次任务是根据所提供的素材，利用钢笔工具、文字蒙版工具和文字工具等来完成制作。在任务开始前，按照图 5-13 所示的思维导图复习教材中的知识点和技能点。

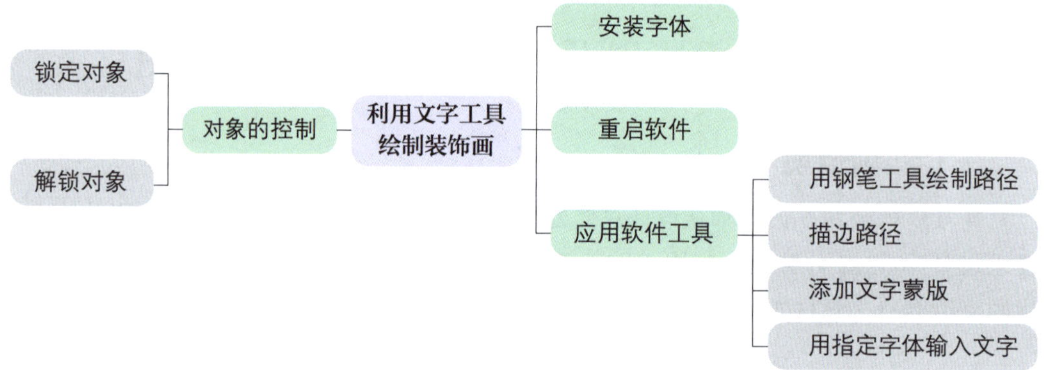

图 5-13　思维导图

三、实训计划制订

根据上一阶段的任务分析，完成实训计划的制订，填入表 5-7。

表 5-7　实训计划

序号	工作内容	所需时间

续表

序号	工作内容	所需时间

四、操作步骤提示

按照表 5-8 所列的操作步骤和操作要点，完成装饰画的制作。

表 5-8　操作步骤提示

操作步骤	操作要点
安装字体	安装本任务用到的“汉仪小隶书简 .TTF”字体文件
导入素材	打开本任务素材 1、素材 2 文件，调整图片至合适位置和大小
绘制曲线	用钢笔工具绘制文字下方曲线路径，描边路径，将其调整至合适位置与大小
添加文字蒙版	在素材 2 图层使用横排文字蒙版工具，输入相应文字内容，反选选区，删去除文字外其他图片区域
添加正文	用直排文字工具输入正文，调整文字至合适位置与大小

五、实训评价

通过最终作品效果展示，从软件操作、实训效果、成果展示等方面，采用学生自评、学生互评、教师评价相结合的多元化评价方式进行评价，实训评价表见表 5-9。

表 5-9 实训评价表

序号	评价要求	学生自评（占比 30%）	学生互评（占比 30%）	教师评价（占比 40%）
1	对工作内容的分析准确到位（20 分）			
2	熟练运用软件，操作得当（20 分）			
3	熟练使用钢笔工具和常见的形状工具等（30 分）			
4	灵活使用相关素材资料（20 分）			
5	最终效果图的版式及构图合理（10 分）			
	综合得分			

六、实训拓展

1. 参考图 5-14 所示的装饰图，利用本任务素材文件夹中素材 3、素材 4，以“大吉大利”为设计主题，在 Adobe Photoshop 2022 软件中设计并制作“大吉大利”装饰图。

2. 参考图 5-15 所示的装饰画，利用本任务素材文件夹中素材 5、素材 6，以客厅装饰为设计背景，在 Adobe Photoshop 2022 软件中设计并制作客厅装饰画。

图 5-14 “大吉大利”装饰图

图 5-15 客厅装饰画

七、知识巩固与提高

1. 利用形状图层绘制的图形是（　　）。

A. 位图　　B. 路径　　C. 矢量图　　D. 选区

2. 下列选项中可用画笔描边的有（　　）。

A. 矢量图　　B. 选区　　C. 路径　　D. 位图

3. 下列关于锚点的描述中，正确的是（　　）。

A. 所有与路径相关的点都可称为锚点，它标记着组成路径各线段的端点

B. 锚点是一个路径中两条线段的交点

C. 拖动锚点，将会把该锚点转换成一个带手柄的平滑点

D. 在曲线线段上，每个锚点都只带有 1 个方向线

4. 选区只能转换成（　　）。

A. 平滑曲线　　B. 辅助路径　　C. 任意路径　　D. 工作路径

5. 在 Adobe Photoshop 2022 中，需暂时隐藏路径在图像中的形状，可以（　　）。

A. 在路径面板中单击当前路径栏左侧的眼睛图标

B. 单击路径面板中的空白区域

C. 按 Alt 键的同时在路径面板中单击当前路径栏

D. 按 Ctrl 键的同时在路径面板中单击当前路径栏

实训任务 4　设计“秋高气爽”字体

一、实训情境

在某广告公司，设计师从设计总监处接受一项设计任务，为某环境公司设计字体。要求设计师在 15 分钟内，应用 Adobe Photoshop 2022 软件完成字体设计，素材如图 5-16 所示，最终效果如图 5-17 所示。

图 5-16　素材 1

图 5-17　最终效果

二、实训分析

本次任务是根据所提供的照片素材，利用钢笔工具和常见的形状工具等完成设计。在任务开始前，按照图 5-18 所示的思维导图复习教材中的知识点和技能点。

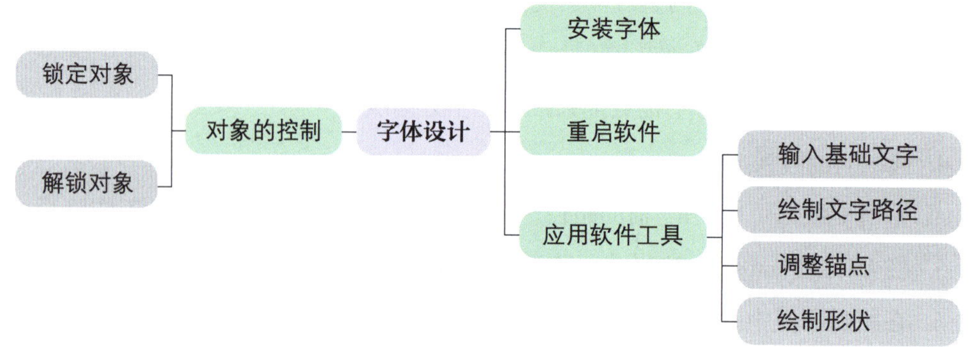

图 5-18　思维导图

三、实训计划制订

根据上一阶段的任务分析，完成实训计划的制订，填入表 5-10。

表 5-10　实训计划

序号	工作内容	所需时间

四、操作步骤提示

按照表 5-11 所列的操作步骤和操作要点，完成“秋高气爽”字体的设计。

表 5-11　操作步骤提示

操作步骤	操作要点
安装字体	安装本任务用到的“造字工房俊雅锐宋演示版常规体 .TTF”字体文件

续表

操作步骤	操作要点
导入素材	打开本任务素材 1 文件，调整图片至合适位置和大小
输入基础文字	用文字工具输入“秋高气爽”，调整至合适位置与大小
编辑文字样式	右击创建文字工作路径，用直接选择工具调整文字锚点，移动至合适位置
添加相关元素	用自定形状工具添加对应元素，用前景色填充颜色，再通过相减或组合得到相应部分，调整元素至合适位置与大小

五、实训评价

通过最终作品效果展示，从软件操作、实训效果、成果展示等方面，采用学生自评、学生互评、教师评价相结合的多元化评价方式进行评价，实训评价表见表 5-12。

表 5-12　实训评价表

序号	评价要求	学生自评（占比 30%）	学生互评（占比 30%）	教师评价（占比 40%）
1	对工作内容的分析准确到位（20 分）			
2	熟练运用软件，操作得当（20 分）			
3	熟练使用钢笔工具和常见的形状工具等（30 分）			
4	灵活使用相关素材资料（20 分）			
5	最终效果图的版式及构图合理（10 分）			
综合得分				

六、实训拓展

1. 参考图 5-19 所示的字体设计，以某活动“打卡处”为设计主题，用 Adobe Photoshop 2022 软件设计并制作“打卡处”字体。

2. 参考图 5-20 所示的字体设计，以“春日远足”为设计主题，利用本任务素材文件夹中素材 2 在 Adobe Photoshop 2022 软件中设计并制作“春日远足”字体。

图 5-19 “打卡处”字体设计

图 5-20 “春日远足”字体设计

七、知识巩固与提高

1. 在图像中绘制图形时，使用形状工具便会在图层面板中自动产生一个（　　）图层。

A. 文本　　B. 背景　　C. 形状　　D. 普通

2. 除了（　　）格式，其他可用文件格式都支持路径编辑。

A. GIF　　B. EPS　　C. TIFF　　D. PDF

3. 在路径曲线线段上，方向线和方向点的位置决定了曲线线段的（　　）。

A. 角度　　B. 方向　　C. 形状　　D. 像素

4. 可以用（　　）工具改变路径上锚点的性质。

A. 转换点　　B. 自由钢笔　　C. 删除锚点　　D. 添加锚点

5. 在选定裁剪区域的同时，按（　　）键可以裁出一个正方形区域。

A. Shift　　B. Alt　　C. Ctrl　　D. Delete

项目六
蒙版的应用

实训任务 1　制作“国风扇面”效果

一、实训情境

在某广告公司，设计师从设计总监处接受一项设计任务，为某公司制作一款国风团扇用于产品宣传。要求设计师在 15 分钟内，应用 Adobe Photoshop 2022 软件完成“国风扇面”图像处理，素材如图 6–1 所示，最终效果如图 6–2 所示。

a）　　b）　　c）

图 6–1　素材

a）素材 1　b）素材 2　c）素材 3

图 6-2　最终效果

二、实训分析

本次任务是根据所提供的素材，使用剪贴蒙版工具、椭圆工具、文字工具等进行图片处理，把图片画到空白的扇子上，并进行适当的排版展示。在任务开始前，按照图 6-3 所示的思维导图复习教材中的知识点和技能点。

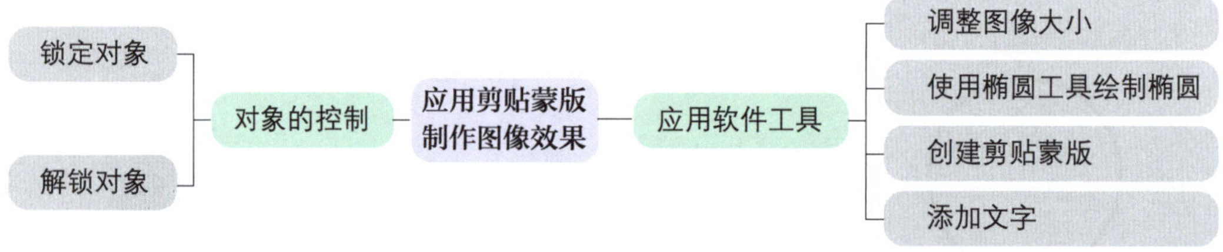

图 6-3　思维导图

三、实训计划制订

根据上一阶段的任务分析，完成实训计划的制订，填入表 6-1。

表 6-1　实训计划

序号	工作内容	所需时间

续表

序号	工作内容	所需时间

四、操作步骤提示

按照表 6–2 所列的操作步骤和操作要点，完成“国风扇面”效果的制作。

表 6–2　操作步骤提示

操作步骤	操作要点
导入素材	打开本任务素材 1、素材 2 文件，调整图片至合适位置和大小
绘制椭圆	用椭圆工具绘制与扇面一样大小的椭圆
建立剪贴蒙版	导入素材 3，建立剪贴蒙版，调整图片大小
添加文字	用文字工具添加文字，调整至合适大小

五、实训评价

通过最终作品效果展示，从软件操作、实训效果、成果展示等方面，采用学生自评、学生互评、教师评价相结合的多元化评价方式进行评价，实训评价表见表 6–3。

表 6–3　实训评价表

序号	评价要求	学生自评（占比 30%）	学生互评（占比 30%）	教师评价（占比 40%）
1	对工作内容的分析准确到位（20 分）			
2	熟练运用软件，操作得当（20 分）			
3	熟练使用剪贴蒙版、形状工具（30 分）			
4	灵活使用相关素材资料（20 分）			
5	图像版式构图合理（10 分）			
综合得分				

六、实训拓展

利用本任务素材文件夹中素材 4 和素材 5 制作出如图 6–4 所示的文创背景效果。

图 6-4　文创背景效果

七、知识巩固与提高

1. 蒙版没有（　　）色。

A. 彩　　B. 黑　　C. 灰　　D. 红

2. 当同时出现多个被剪切图层时，所显示的是（　　）。

A. 离剪切图层最近的被剪切图层

B. 被剪切图层的内容

C. 最上方的被剪切图层

D. 最下方的被剪切图层

3. 下列关于剪贴蒙版和蒙版的关系说法中，正确的是（　　）。

A. 剪贴蒙版属于蒙版的一部分

B. 剪贴蒙版和蒙版不能同时存在

C. 剪贴蒙版与蒙版没有任何关系

D. 剪贴蒙版不属于蒙版

4. 剪贴蒙版是由下方图层的（　　）来限制上方图层的显示范围。

A. 形状　　B. 对比度　　C. 位置　　D. 颜色

5. 下列关于剪贴蒙版的说法中，正确的是（　　）。

A. 基层可以有多个　　B. 基层只能有一个

C. 顶层只能有一个　　D. 顶层最多只能有两个

实训任务 2　替换天空

一、实训情境

在某摄影工作室，设计师从设计总监处接受一项设计任务，为客户摄影图片进行图像处理，把阴天变为晴天效果。要求设计师在 10 分钟内，应用 Adobe Photoshop 2022 软件完成图像处理，素材如图 6–5 所示，最终效果如图 6–6 所示。

a）

b）

图 6–5　素材

a）素材 1　b）素材 2

图 6–6　最终效果

二、实训分析

本次任务是根据所提供的照片素材，使用图层蒙版工具、画笔工具进行图片处理，为风景图片替换美丽的天空。在任务开始前，按照图 6–7 所示的思维导图复习教材中的知识点和技能点。

图 6-7 思维导图

三、实训计划制订

根据上一阶段的任务分析，完成实训计划的制订，填入表 6-4。

表 6-4 实训计划

序号	工作内容	所需时间

四、操作步骤提示

按照表 6-5 所列的操作步骤和操作要点，完成替换天空的操作。

表 6-5 操作步骤提示

操作步骤	操作要点
导入素材	打开本任务素材 1、素材 2 文件，调整图片至合适位置和大小
添加图层蒙版	在素材 2 图层上添加图层蒙版
使用画笔工具	使用画笔工具，设置前景色为白色，对图层蒙版进行涂抹，擦除多余部分
曲线调整	添加曲线，适当调整背景亮度和对比度

五、实训评价

通过最终作品效果展示，从软件操作、实训效果、成果展示等方面，采用学生自评、学生互评、教师评价相结合的多元化评价方式进行评价，实训评价表见表 6-6。

表 6-6　实训评价表

序号	评价要求	学生自评（占比 30%）	学生互评（占比 30%）	教师评价（占比 40%）
1	对工作内容的分析准确到位（20 分）			
2	熟练运用软件，操作得当（20 分）			
3	熟练使用图层蒙版、画笔工具（30 分）			
4	灵活使用相关素材资料（20 分）			
5	图像版式构图合理（10 分）			
综合得分				

六、实训拓展

利用本任务素材文件夹中素材 3 制作出如图 6-8 所示的天空云彩效果。

图 6-8　天空云彩效果

七、知识巩固与提高

1. 图层蒙版是（　　）的工具。

A. 控制图层显示　　B. 控制图层隐藏

C. 控制图层的显示和隐藏　　D. 改变图层颜色

2. 下列关于图层蒙版的描述中，正确的是（　　）。

A. 按住 Shift 键的同时单击图层面板中的“添加蒙版”按钮就可关闭蒙版，使之不在图像中显示

B. 当在图层面板的蒙版图层图片上出现一个“X”图片，表示将图层蒙版暂时关闭

C. 图层蒙版可以通过图层面板中的垃圾桶图标进行删除

D. 图层蒙版创建后就不能被删除

3. 图层蒙版中的白色表示（　　）。

A. 该区域为透明　　B. 显示该区域

C. 隐藏该区域　　D. 该区域为白色

4. 图层蒙版除了用于控制图层的显示和隐藏，还可以用于（　　）。

A. 绘图　　B. 改变图层像素

C. 存放选区　　D. 改变图层颜色

5. 需要移动图层蒙版时，应该（　　）。

A. 单独选定图层蒙版　　B. 单独选定图层

C. 同时选定图层和图层蒙版　　D. 隐藏图层

实训任务 3　制作墙壁装饰画

一、实训情境

在某广告公司，设计师从设计总监处接受一项设计任务，为某客户家中墙壁做装饰画设计。要求设计师在 15 分钟内，应用 Adobe Photoshop 2022 软件完成图像处理，将墙壁装饰画效果图交给客户，素材如图 6–9 所示，最终效果如图 6–10 所示。

a）

b）

c）

图 6–9　素材

a）素材 1　b）素材 2　c）素材 3

图 6-10　最终效果

二、实训分析

本次任务是根据所提供的素材，使用矢量蒙版工具、画笔工具进行图片处理，做出装饰画挂壁效果图。在任务开始前，按照图 6-11 所示的思维导图复习教材中的知识点和技能点。

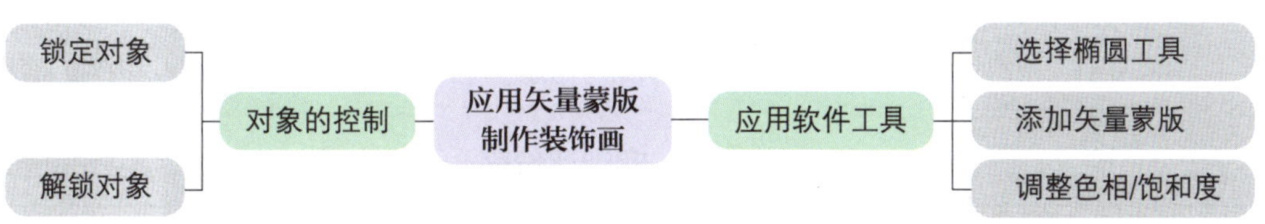

图 6-11　思维导图

三、实训计划制订

根据上一阶段的任务分析，完成实训计划的制订，填入表 6-7。

表 6-7　实训计划

序号	工作内容	所需时间

续表

序号	工作内容	所需时间

四、操作步骤提示

按照表 6–8 所列的操作步骤和操作要点，完成墙壁装饰画的制作。

表 6–8　操作步骤提示

操作步骤	操作要点
导入素材	打开本任务素材 1、素材 2、素材 3 文件，调整图片至合适位置和大小
添加矢量蒙版	在素材 2 蒙版缩略图上，使用椭圆工具绘制与相框一样大小的圆形路径，添加矢量蒙版，将图片嵌入相框，按照同样的方法完成素材 3 的嵌入
调整色相 / 饱和度	添加色相 / 饱和度，调整素材 2、素材 3 图片的色相 / 饱和度

五、实训评价

通过最终作品效果展示，从软件操作、实训效果、成果展示等方面，采用学生自评、学生互评、教师评价相结合的多元化评价方式进行评价，实训评价表见表 6–9。

表 6–9　实训评价表

序号	评价要求	学生自评（占比 30%）	学生互评（占比 30%）	教师评价（占比 40%）
1	对工作内容的分析准确到位（20 分）			
2	熟练运用软件，操作得当（20 分）			
3	熟练使用矢量蒙版、图像调整工具（30 分）			
4	灵活使用相关素材资料（20 分）			
5	图像版式构图合理（10 分）			
综合得分				

六、实训拓展

利用本任务素材文件夹中素材 4、素材 5、素材 6 制作出如图 6–12 所示的儿童相册效果。

图 6-12　儿童相册效果

七、知识巩固与提高

1. 在 Adobe Photoshop 2022 中创建矢量蒙版的方法是（　　）。

A. 选择图层后单击“添加蒙版”按钮　　B. 选择图层后按 Ctrl+M 键

C. 选择图层后按 Ctrl+I 键　　D. 选择图层后按 Ctrl+E 键

2. 在 Adobe Photoshop 2022 中将矢量蒙版应用到现有图层上的方法是（　　）。

A. 首先选择需要应用蒙版的图层，然后在图层面板中单击“添加蒙版”按钮，选择已经创建的矢量蒙版

B. 将矢量蒙版拖动到需要应用的图层上

C. 将矢量蒙版文件存储为 PNG 格式，然后在需要应用的图层上按 Ctrl+Shift+I 键

D. 在需要应用的图层上按 Ctrl+E 键

3. 在 Adobe Photoshop 2022 中将矢量蒙版转换为位图蒙版的方法是（　　）。

A. 选择矢量蒙版图层后按 Ctrl+Shift+I 键

B. 将矢量蒙版图层存储为 PNG 格式后按 Ctrl+Shift+I 键

C. 在矢量蒙版图层上单击右键，在弹出的快捷菜单中选择“栅格化图层”

D. 将矢量蒙版图层转换为智能对象后按 Ctrl+Shift+I 键

4. 在 Adobe Photoshop 2022 中对矢量蒙版进行修改和编辑的方法是（　　）。

A. 使用选择工具选择矢量蒙版后进行修改和编辑

B. 将矢量蒙版图层转换为智能对象后进行修改和编辑

C. 使用矢量工具直接在矢量蒙版上绘制进行修改和编辑

D. 将矢量蒙版图层栅格化后进行修改和编辑

5. 在 Adobe Photoshop 2022 中矢量蒙版的好处有（　　）。

A. 可无限缩放、不失真、占用内存少

B. 可添加文本

C. 可存储为 PSD 格式

D. 可与图层合并

实训任务 4　为水果换色

一、实训情境

在某广告公司，设计师从设计总监处接受一项设计任务，为某产品设计广告海报，做海报前要将图片进行颜色处理。要求设计师在 10 分钟内，应用 Adobe Photoshop 2022 软件完成图像处理，素材如图 6–13 所示，最终效果如图 6–14 所示。

图 6–13　素材 1

图 6–14　最终效果

二、实训分析

本次任务是根据所提供的素材，使用快速蒙版工具、画笔工具为橙子换色。在任务开始前，按照图 6–15 所示的思维导图复习教材中的知识点和技能点。

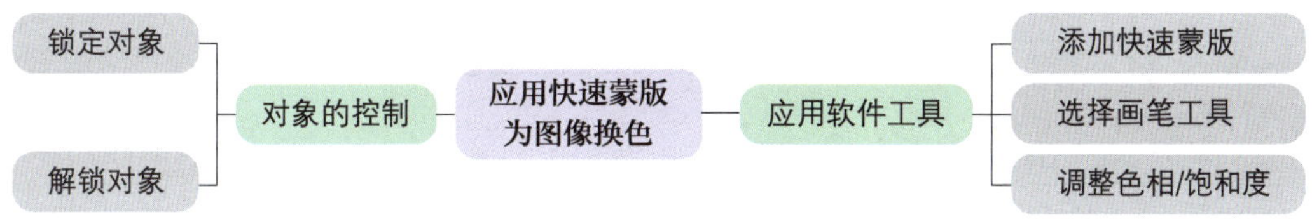

图 6-15　思维导图

三、实训计划制订

根据上一阶段的任务分析，完成实训计划的制订，填入表 6-10。

表 6-10　实训计划

序号	工作内容	所需时间

四、操作步骤提示

按照表 6-11 所列的操作步骤和操作要点，完成为水果换色的操作。

表 6-11　操作步骤提示

操作步骤	操作要点
导入素材	打开本任务素材 1 文件，调整图片至合适位置和大小
添加快速蒙版	在工具栏中单击“快速蒙版”按钮，进入快速蒙版模式
选择画笔工具	使用画笔工具涂抹需要更改颜色的区域，再单击“快速蒙版”按钮，建立选区
更改颜色	选择“图像”→“调整”→“色相 / 饱和度”，调整为所需颜色

五、实训评价

通过最终作品效果展示，从软件操作、实训效果、成果展示等方面，采用学生自评、学生互评、教师评价相结合的多元化评价方式进行评价，实训评价表见表 6-12。

表 6-12　实训评价表

序号	评价要求	学生自评（占比 30%）	学生互评（占比 30%）	教师评价（占比 40%）
1	对工作内容的分析准确到位（20 分）			
2	熟练运用软件，操作得当（20 分）			
3	熟练使用快速蒙版、画笔工具（30 分）			
4	灵活使用相关素材资料（20 分）			
5	图像颜色搭配合理（10 分）			
	综合得分			

六、实训拓展

利用本任务素材文件夹中素材 2、素材 3 制作出如图 6-16 所示的企业文化海报。

图 6-16　企业文化海报

七、知识巩固与提高

1. 按（　　）键可以使图像进入快速蒙版模式。

A. F　　B. Q　　C. T　　D. A

2. 按（　　）键可以将图像从“以标准模式编辑”状态切换到“以快速蒙版模式编辑”状态。

A. A　　B. C　　C. Q　　D. T

3. 在 Adobe Photoshop 2022 中快速蒙版的作用是（　　）。

A. 创建选区　　B. 创建图层　　C. 创建蒙版　　D. 创建路径

4. 在 Adobe Photoshop 2022 中可以修改快速蒙版的（　　）。

A. 颜色　　B. 大小

C. 不透明度　　D. 样式

5. 在 Adobe Photoshop 2022 中快速蒙版一般用于（　　）场合。

A. 抠图　　B. 制作视频特效

C. 创建路径　　D. 制作文字特效

实训任务 5　制作金色文字

一、实训情境

在某广告公司，设计师从设计总监处接受一项设计任务，为某公司设计字体为金色艺术字的海报。要求设计师在 20 分钟内，应用 Adobe Photoshop 2022 软件完成字体设计，素材如图 6-17 所示，最终效果如图 6-18 所示。

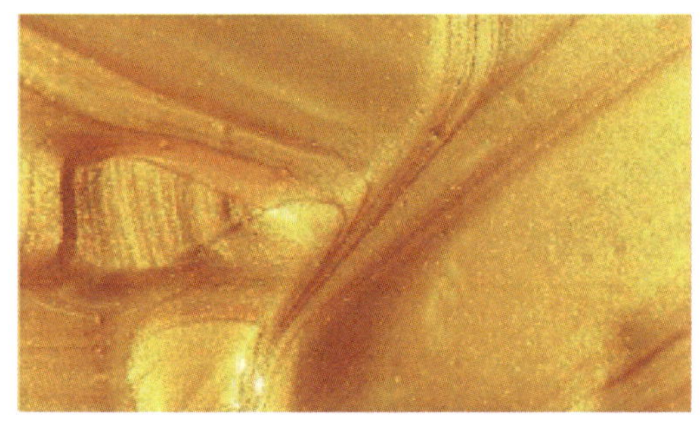

a）

b）

图 6-17　素材
a）素材 1　b）素材 2

图 6-18　最终效果

二、实训分析

本次任务是根据所提供的素材，通过文字蒙版工具、调整图层样式制作金色文字效果。在任务开始前，按照图 6-19 所示的思维导图复习教材中的知识点和技能点。

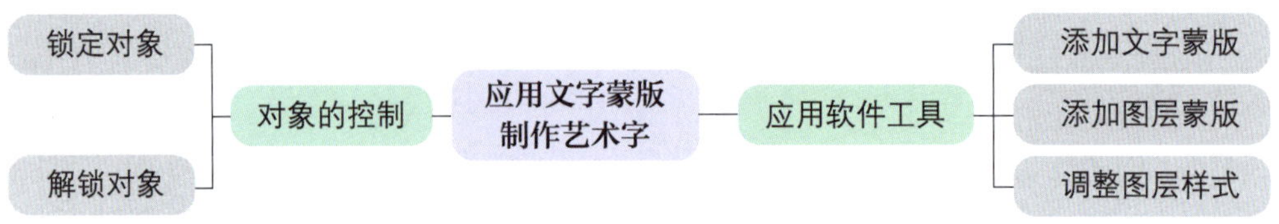

图 6-19 思维导图

三、实训计划制订

根据上一阶段的任务分析，完成实训计划的制订，填入表 6-13。

表 6-13 实训计划

序号	工作内容	所需时间

四、操作步骤提示

按照表 6-14 所列的操作步骤和操作要点，完成金色文字效果的制作。

表 6-14 操作步骤提示

操作步骤	操作要点
导入素材	打开本任务素材 1、素材 2 文件，调整图片至合适位置和大小
添加文字蒙版	选择“横排文字蒙版工具”，在字符面板中调整合适的参数，在素材 1 图层上输入文字，使其变为选区
生成文字效果	单击“添加图层蒙版”按钮，生成文字剪切效果
调整图层样式	双击素材 1 图层，调整图层样式，添加投影和浮雕效果

五、实训评价

通过最终作品效果展示，从软件操作、实训效果、成果展示等方面，采用学生自评、学生互评、教师评价相结合的多元化评价方式进行评价，实训评价表见表 6-15。

表 6-15　实训评价表

序号	评价要求	学生自评（占比 30%）	学生互评（占比 30%）	教师评价（占比 40%）
1	对工作内容的分析准确到位（20 分）			
2	熟练运用软件，操作得当（20 分）			
3	熟练使用文字蒙版、图层样式工具（30 分）			
4	灵活使用相关素材资料（20 分）			
5	图像版式构图合理（10 分）			
综合得分				

六、实训拓展

利用本任务素材文件夹中素材 3、素材 4、素材 5，制作如图 6-20 所示的二十四节气中“立夏”的海报效果图，在制作海报过程中，可应用图层蒙版、文字蒙版等进行设计。

图 6-20　“立夏”的海报效果图

七、知识巩固与提高

1. 在 Adobe Photoshop 2022 中，使用（　　）工具可以创建文字蒙版。

A. 文字　　B. 矩形　　C. 椭圆　　D. 直线

2. 在创建文字蒙版后，按（　　）键可以为选区填充背景色。

A. Ctrl+Delete　　B. Ctrl+Shift+I　　C. Ctrl+U　　D. Ctrl+F

3. 在 Adobe Photoshop 2022 中，按（　　）键可以切换到文字编辑模式。

A. F7　　B. F8　　C. F9　　D. F10

4. 若要修改“探索求知”文字的字体，可进行的操作是（　　）。

A. 首先用横排文字工具选中文字，然后在字符面板中修改字体

B. 首先用路径工具选中文字，然后在路径面板中修改字体

C. 首先用选框工具选中文字，然后修改字体

D. 首先用横排文字蒙版工具选中文字，然后在字符面板中修改字体

5. 下列操作中，不能新建一个图层的是（　　）。

A. 将一个图像的图层拖拽到另一个图像中

B. 将一个图层复制后再粘贴

C. 使用横排文字蒙版工具向图像中插入文字选区

D. 使用横排文字工具向图像中插入文字

项目七
滤镜的应用

实训任务 1　制作金属板材质效果

一、实训情境

在某影视工作室，设计师从设计总监处接受一项设计任务，为客户制作金属板材质效果。要求设计师在 10 分钟内，应用 Adobe Photoshop 2022 软件完成图像处理，最终效果如图 7-1 所示。

图 7-1　最终效果

二、实训分析

本次任务需要新建文件，对文件添加渐变背景效果后，添加滤镜功能的杂色、模糊效果，使用调整色阶工具进行特效处理，制作出金属质感的效果。在任务开始前，按照图 7-2 所示的思维导图复习教材中的知识点和技能点。

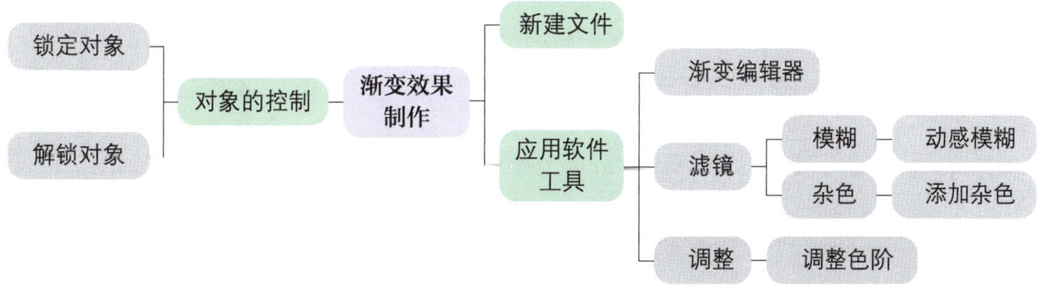

图 7-2　思维导图

三、实训计划制订

根据上一阶段的任务分析，完成实训计划的制订，填入表 7–1。

表 7–1 实训计划

序号	工作内容	所需时间

四、操作步骤提示

按照表 7–2 所列的操作步骤和操作要点，完成金属板材质效果的制作。

表 7–2 操作步骤提示

操作步骤	操作要点
新建文件	新建文件，设置其“大小”为“500 像素 ×500 像素”，“分辨率”为“72 像素”，“颜色模式”为“RGB”，“背景色”为“白色”
使用渐变编辑器	打开渐变编辑器，模仿金属光泽设置渐变效果
添加杂色	选择“滤镜”→“杂色”→“添加杂色”，设置“数量”为“30%”，选中“高斯分布”单选框，勾选“单色”复选框

续表

操作步骤	操作要点
添加模糊	选择“滤镜”→“模糊”→“动感模糊”，设置“角度”为“0”度，“距离”为“70”像素
调整色阶	选择“图像”→“调整”→“色阶”，设置“通道”为“RGB”，“输入色阶”为“0、0.29、222”，“输出色阶”为“81、229”，注意以上数值仅作为参考，可以根据最终效果调整

五、实训评价

通过最终作品效果展示，从软件操作、实训效果、成果展示等方面，采用学生自评、学生互评、教师评价相结合的多元化评价方式进行评价，实训评价表见表 7–3。

表 7–3 实训评价表

序号	评价要求	学生自评（占比 30%）	学生互评（占比 30%）	教师评价（占比 40%）
1	对工作内容的分析准确到位（20 分）			
2	熟练运用软件，操作得当（20 分）			
3	熟练使用滤镜、调整色阶工具（30 分）			
4	灵活使用相关素材资料（20 分）			
5	图像版式构图合理（10 分）			
综合得分				

六、实训拓展

参考图 7–3 制作文字金属拉丝效果。应用 Adobe Photoshop 2022 软件完成图像处理，新建文件，添加渐变效果，使用滤镜功能的模糊滤镜组的动感模糊、杂色滤镜组的添加杂色，为图像调整色相 / 饱和度，制作成文字的金属拉丝效果。

图 7-3 最终效果

七、知识巩固与提高

1. 在模糊滤镜组中，可以设置角度和距离参数的是（　　）模糊。

A. 高斯　　B. 动感　　C. 方框　　D. 径向

2. 选择“滤镜”→“杂色”→“（　　）”，可以向图像随机地混合杂点，并添加一些细小的颗粒状像素。

A. 添加杂色　　B. 中间值　　C. 去斑　　D. 蒙尘与划痕

3. 绘制金属纹理时，模仿金属光泽设置渐变效果，最佳的颜色组合是（　　）。

A. 黑白灰　　B. 红黄蓝　　C. 蓝绿白　　D. 黑红白

4.（　　）滤镜使图像变得柔和。

A. 扭曲　　B. 杂色　　C. 风格化　　D. 模糊

5.（　　）色彩模式可使用的内置滤镜最多。

A. RGB　　B. CMYK　　C. 灰度　　D. 位图

实训任务 2　制作“火焰爆炸”效果

一、实训情境

在某影视工作室，设计师从设计总监处接受一项设计任务，为客户进行影视效果的特效处理，制作“火焰爆炸”效果。要求设计师在 15 分钟内，应用 Adobe Photoshop 2022 软件完成图像处理，最终效果如图 7-4 所示。

图 7-4　最终效果

二、实训分析

本次任务需要新建文件，通过滤镜功能的杂色、模糊、扭曲效果以及合并图层工具进行特效处理，制作出“火焰爆炸”效果。在任务开始前，按照图 7-5 所示的思维导图复习教材中的知识点和技能点。

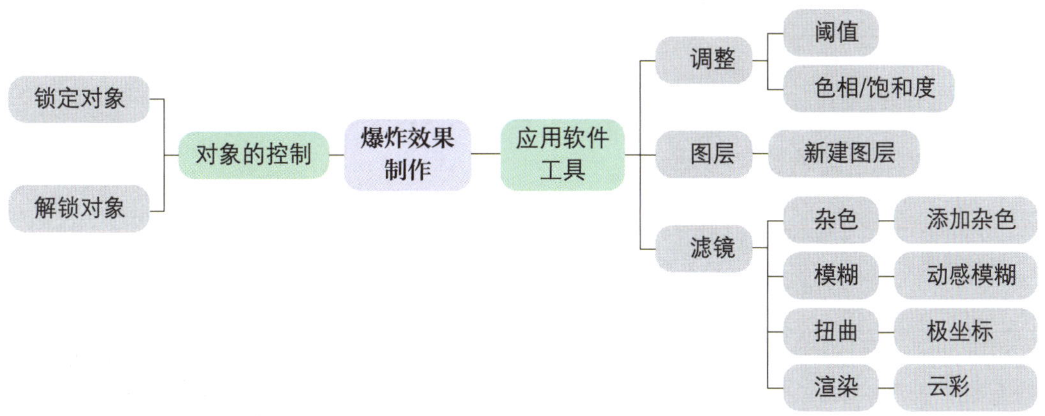

图 7-5　思维导图

三、实训计划制订

根据上一阶段的任务分析，完成实训计划的制订，填入表 7-4。

表 7-4　实训计划

序号	工作内容	所需时间

续表

序号	工作内容	所需时间

四、操作步骤提示

按照表 7–5 所列的操作步骤和操作要点，完成“火焰爆炸”效果的制作。

表 7–5　操作步骤提示

操作步骤	操作要点
新建文件	新建文件，设置其“大小”为“500 像素 ×500 像素”，“分辨率”为“72 像素”，“颜色模式”为“RGB”，“背景色”为“白色”
添加杂色	选择“滤镜”→“杂色”→“添加杂色”，设置“数量”为“5.88%”，选中“平均分布”单选框，勾选“单色”复选框
添加阈值	选择“图像”→“调整”→“阈值”，设置“阈值色阶”为“245”
添加模糊	选择“滤镜”→“模糊”→“动感模糊”，设置“角度”为“90”度，“距离”为“999”像素，完成后再将图片反相（按 Ctrl+I 键）
新建图层	新建图层，在新图层添加渐变，将混合模式调整为“滤色”，完成后合并这两个图层
添加扭曲	选择“滤镜”→“扭曲”→“极坐标”，选中“平面坐标到极坐标”单选框

续表

操作步骤	操作要点
添加着色	选择“图像”→“调整”→“色相/饱和度”，勾选“着色”复选框，设置“色相”为“38”，“饱和度”为“62”，“明度”为“0”
添加云彩	复制当前图层，选择“滤镜”→“渲染”→“云彩”，再将图层混合模式调整为“颜色减淡”。选择2~3次“滤镜”→“渲染”→“分层云彩”，得到最终效果

五、实训评价

通过最终作品效果展示，从软件操作、实训效果、成果展示等方面，采用学生自评、学生互评、教师评价相结合的多元化评价方式进行评价，实训评价表见表7-6。

表7-6　实训评价表

序号	评价要求	学生自评（占比30%）	学生互评（占比30%）	教师评价（占比40%）
1	对工作内容的分析准确到位（20分）			
2	熟练运用软件，操作得当（20分）			
3	熟练使用滤镜、合并图层工具（30分）			
4	灵活使用相关素材资料（20分）			
5	图像版式构图合理（10分）			
综合得分				

六、实训拓展

参考图7-6制作蓝天白云的效果。应用Adobe Photoshop 2022软件完成图像处理，使用滤镜功能的渲染组的渲染、分层云彩效果，为图像调整色相/饱和度，制作成蓝天白云的效果。

图 7-6　最终效果

七、知识巩固与提高

1. 在渲染滤镜组中，时常需要多次叠加随机产生不同变换效果的滤镜是（　　）。

A. 分层云彩　　B. 火焰

C. 光照效果　　D. 镜头光晕

2. 下列选项中，属于极坐标参数设置的是（　　）。

A. 极坐标到平面坐标　　B. 旋转坐标到极坐标

C. 向上极坐标　　D. 向下极坐标

3. 阈值功能需要在（　　）菜单中打开。

A. “图像”　　B. “滤镜”　　C. “选择”　　D. “图层”

4. 极坐标属于（　　）滤镜组中。

A. 渲染　　B. 模糊　　C. 扭曲　　D. 杂色

5. 下列选项中，属于模糊滤镜组滤镜效果的是（　　）。

A. 动感模糊　　B. 去斑　　C. 晶格化　　D. 挤压

实训任务 3　制作“室外草地”效果

一、实训情境

在某影视工作室，设计师从设计总监处接受一项设计任务，为客户进行影视效果的特效处理，制作“室外草地”效果。要求设计师在 15 分钟内，应用 Adobe Photoshop

2022 软件完成图像处理，最终效果如图 7–7 所示。

图 7–7　最终效果

二、实训分析

本次任务需要新建文件，通过滤镜功能的渲染、风格化效果以及图像调整等工具进行特效处理，制作出“室外草地”效果。在任务开始前，按照图 7–8 所示的思维导图复习教材中的知识点和技能点。

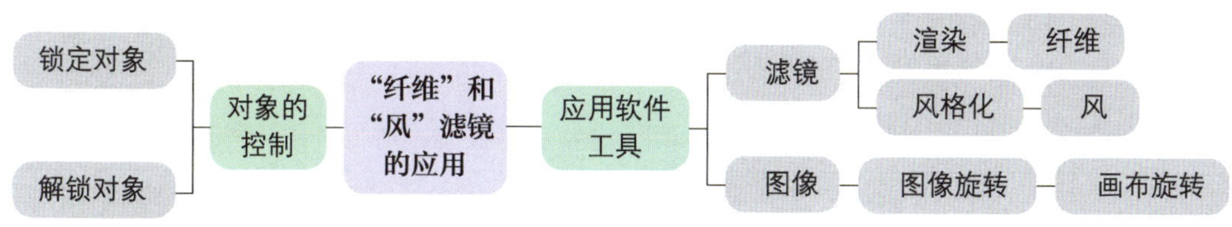

图 7–8　思维导图

三、实训计划制订

根据上一阶段的任务分析，完成实训计划的制订，填入表 7–7。

表 7–7　实训计划

序号	工作内容	所需时间

四、操作步骤提示

按照表 7–8 所列的操作步骤和操作要点，完成“室外草地”效果的制作。

表 7–8　操作步骤提示

操作步骤	操作要点
新建文件	新建文件，设置其“大小”为“500 像素 ×500 像素”，“分辨率”为“72 像素”，“颜色模式”为“RGB”，“背景色”为“白色”
添加渲染	将其背景色和前景色分别调整为较深和较浅的绿色，选择“滤镜”→“渲染”→“纤维”，设置“差异”为“23”，“强度”为“6”
添加风格化	选择“滤镜”→“风格化”→“风”，选中“飓风”“从右”单选框。如果感觉纹理效果不太明显，可以再选择 2～3 次“飓风”效果
调整图像	选择“图像”→“图像旋转”→“顺时针 90 度”，得到最终效果

五、实训评价

通过最终作品效果展示，从软件操作、实训效果、成果展示等方面，采用学生自评、学生互评、教师评价相结合的多元化评价方式进行评价，实训评价表见表 7–9。

表 7–9　实训评价表

序号	评价要求	学生自评（占比 30%）	学生互评（占比 30%）	教师评价（占比 40%）
1	对工作内容的分析准确到位（20 分）			
2	熟练运用软件，操作得当（20 分）			

续表

序号	评价要求	学生自评（占比 30%）	学生互评（占比 30%）	教师评价（占比 40%）
3	熟练使用滤镜、画布旋转等工具（30 分）			
4	灵活使用相关素材资料（20 分）			
5	图像版式构图合理（10 分）			
综合得分				

六、实训拓展

参考图 7-9 制作干枯树皮纹理效果。应用 Adobe Photoshop 2022 软件完成图像处理，使用滤镜功能的渲染组的云彩、纤维效果，为图像调整色相 / 饱和度，制作成干枯树皮纹理效果。

图 7-9　最终效果

七、知识巩固与提高

1.（　　）滤镜能产生图像坐标向极坐标转化或从极坐标向直角坐标转化的效果，它能将直的物体拉弯，将图形物体拉直。

A. 挤压　　B. 波纹　　C. 极坐标　　D. 点状化

2. 下列选项中，不属于风格化滤镜的是（　　）。

A. 等高线　　B. 查找边缘　　C. 浮雕效果　　D. 锐化

3. 在 Adobe Photoshop 2022 中要重复使用上一次用过的滤镜应按（　　）键。

A. Ctrl+F　　B. Alt+F　　C. Ctrl+Shift+F　　D. Alt+Shift+F

4. 添加光源效果的滤镜组是（　　）。

A. 渲染　　B. 锐化　　C. 风格化　　D. 模糊

5. 制作蓝天白云效果可以使用（　　）滤镜组。

A. 风格化　　B. 渲染　　C. 锐化　　D. 模糊

实训任务 4　制作“梦幻特效”效果

一、实训情境

在某影视工作室，设计师从设计总监处接受一项设计任务，为客户进行影视效果的特效处理，制作“梦幻特效”效果。要求设计师在 15 分钟内，应用 Adobe Photoshop 2022 软件完成图像处理，最终效果如图 7–10 所示。

图 7–10　最终效果

二、实训分析

本次任务需要新建文件，使用滤镜功能的渲染、风格化效果以及图像调整等工具进行特效处理，制作出“梦幻特效”效果。在任务开始前，按照图 7–11 所示的思维导图复习教材中的知识点和技能点。

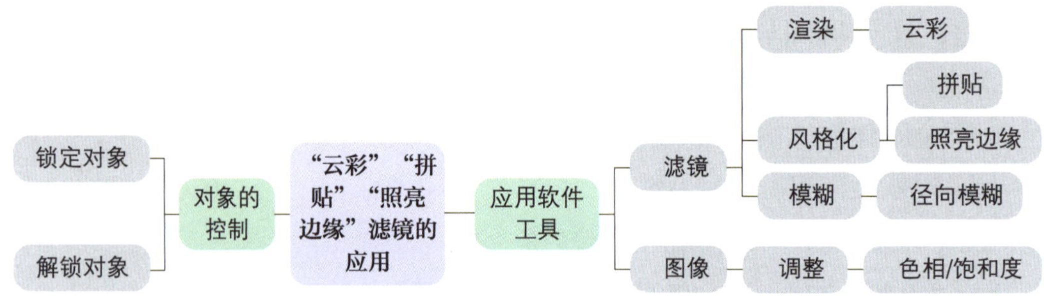

图 7–11　思维导图

三、实训计划制订

根据上一阶段的任务分析，完成实训计划的制订，填入表 7–10。

表 7-10　实训计划

序号	工作内容	所需时间

四、操作步骤提示

按照表 7-11 所列的操作步骤和操作要点，完成“梦幻特效”效果的制作。

表 7-11　操作步骤提示

操作步骤	操作要点
新建文件	新建文件，设置其“大小”为“500 像素 ×500 像素”，“分辨率”为“72 像素”，“颜色模式”为“RGB”，“背景色”为“白色”
添加渲染	设置前景色与背景色（默认状态），选择“滤镜”→“渲染”→“云彩”
添加风格化	选择“滤镜”→“风格化”→“拼贴”，设置“拼贴数”为“20”，“最大位移”为“10%”，选中“背景色”单选框。选择“滤镜”→“滤镜库”→“风格化”→“照亮边缘”，设置“边缘宽度”为“5”，“边缘亮度”为“6”，“平滑度”为“5”
添加模糊	选择“滤镜”→“模糊”→“径向模糊”，设置“数量”为“10”，选中“缩放”单选框

续表

操作步骤	操作要点
添加着色	选择“图像”→“调整”→“色相/饱和度”，设置“色相”为“182”，“饱和度”为“64”，“明度”为“-18”，得到最终效果

五、实训评价

通过最终作品效果展示，从软件操作、实训效果、成果展示等方面，采用学生自评、学生互评、教师评价相结合的多元化评价方式进行评价，实训评价表见表 7-12。

表 7-12　实训评价表

序号	评价要求	学生自评（占比 30%）	学生互评（占比 30%）	教师评价（占比 40%）
1	对工作内容的分析准确到位（20 分）			
2	熟练运用软件，操作得当（20 分）			
3	熟练使用滤镜、图像调整工具（30 分）			
4	灵活使用相关素材资料（20 分）			
5	图像版式构图合理（10 分）			
综合得分				

六、实训拓展

参考图 7-12 制作图像拼贴效果。应用 Adobe Photoshop 2022 软件完成图像处理，使用滤镜功能的渲染组的云彩、风格化组的拼贴进行特效处理。

图 7-12　最终效果

七、知识巩固与提高

1. 照亮边缘功能属于（　　）滤镜组。

A. 渲染　　B. 锐化　　C. 扭曲　　D. 风格化

2. 下列选项中，不属于照亮边缘滤镜参数设置的是（　　）。

A. 边缘宽度　　B. 粗糙度　　C. 边缘亮度　　D. 平滑度

3. 拼贴滤镜可以设置的参数有拼贴数、最大位移和（　　）。

A. 亮度　　B. 大小

C. 填充空白区域的图像　　D. 宽度

4. 径向模糊属于（　　）滤镜组。

A. 渲染　　B. 锐化　　C. 风格化　　D. 模糊

5. 添加着色需要在“图像”→“调整”→“（　　）”中完成。

A. 色阶　　B. 色相 / 饱和度

C. 色彩平衡　　D. 自然饱和度

项目八
颜色调整

实训任务 1　为公园照片调色

一、实训情境

在某广告公司，设计师从设计总监处接受一项设计任务，为客户摄影图片进行调色。要求设计师在 15 分钟内，应用 Adobe Photoshop 2022 软件完成图像处理，素材如图 8–1 所示，最终效果如图 8–2 所示。

图 8–1　素材 1

图 8–2　最终效果

二、实训分析

本次任务是根据所提供的照片素材，使用色相 / 饱和度、自然饱和度、亮度 / 对比度、曲线命令等进行图片处理。在任务开始前，按照图 8–3 所示的思维导图复习教材中的知识点和技能点。

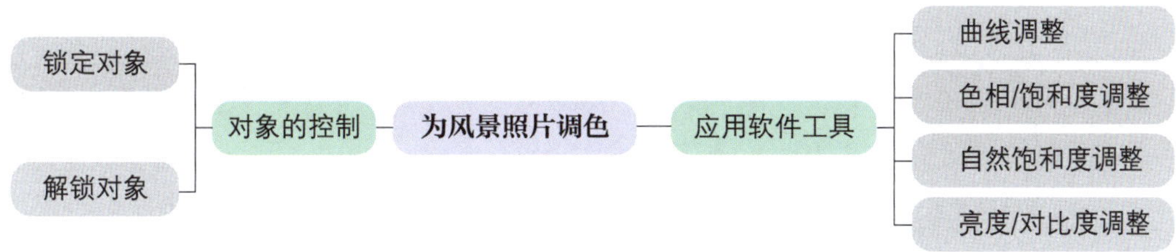

图 8-3　思维导图

三、实训计划制订

根据上一阶段的任务分析，完成实训计划的制订，填入表 8-1。

表 8-1　实训计划

序号	工作内容	所需时间

四、操作步骤提示

按照表 8-2 所列的操作步骤和操作要点，完成公园照片的调色。

表 8-2　操作步骤提示

操作步骤	操作要点
曲线调整	打开本任务素材 1 文件，复制背景图层，在图层 1 上单击图层面板上的“创建新的填充或调整图层”按钮，选择“曲线”，调整画面明暗对比度
图像颜色调整	单击图层面板上的“创建新的填充或调整图层”按钮，分别选择“色相 / 饱和度”“自然饱和度”“亮度 / 对比度”等，对图像进行整体色调的调整

五、实训评价

通过最终作品效果展示，从软件操作、实训效果、成果展示等方面，采用学生自评、学生互评、教师评价相结合的多元化评价方式进行评价，实训评价表见表 8-3。

表 8-3　实训评价表

序号	评价要求	学生自评（占比 30%）	学生互评（占比 30%）	教师评价（占比 40%）
1	对工作内容的分析准确到位（20 分）			
2	熟练运用软件，操作得当（20 分）			
3	熟练使用色相 / 饱和度、自然饱和度、亮度 / 对比度和曲线命令（30 分）			
4	灵活使用相关素材资料（20 分）			
5	图像颜色调整合理（10 分）			
综合得分				

六、实训拓展

1. 利用亮度 / 对比度、色相 / 饱和度、自然饱和度命令，对本任务素材文件夹中素材 2 进行图像调整，最终效果如图 8-4 所示。

2. 利用亮度 / 对比度、曲线命令，对本任务素材文件夹中素材 3 进行图像调整，最终效果如图 8-5 所示。

图 8-4　最终效果

图 8-5　最终效果

七、知识巩固与提高

1. 如果希望增加图像的对比度，应该选择的调整选项是（　　）。

A. 色相 / 饱和度　　B. 亮度 / 对比度

C. 曲线　　D. 色阶

2. 如果希望增加图像的亮度，应该选择的调整选项是（　　）。

A. 色阶　　B. 曲线

C. 亮度 / 对比度　　D. 饱和度

3. 如果希望调整图像的明暗程度，应该选择的调整选项是（　　）。

A. 色相 / 饱和度　　B. 亮度 / 对比度

C. 色阶　　D. 曲线

4. 如果希望改变图像的色彩饱和度，应该选择的调整选项是（　　）。

A. 色阶　　B. 曲线

C. 亮度 / 对比度　　D. 色相 / 饱和度

5. 下列关于“亮度 / 对比度”的说法中，正确的是（　　）。

A. 亮度是指图像的亮度水平，越高则图像越亮

B. 对比度是指图像的明暗程度，越高则图像越暗

C. 调整亮度和对比度可以改善图像的清晰度和可见度

D. 亮度和对比度调整会对图像的所有颜色产生相同的影响

实训任务 2　为夜景照片调色

一、实训情境

在某摄影工作室，设计师从设计总监处接受一项设计任务，为客户摄影图片进行调色，为照片进行灯光亮度调整。要求设计师在 15 分钟内，应用 Adobe Photoshop 2022 软件完成图像处理，素材如图 8-6 所示，最终效果如图 8-7 所示。

图 8-6　素材 1

图 8-7　最终效果

二、实训分析

本次任务是根据所提供的照片素材，使用色阶和色彩平衡命令对照片灯光色调进行调整，制作出美丽的夜景效果。在任务开始前，按照图 8–8 所示的思维导图复习教材中的知识点和技能点。

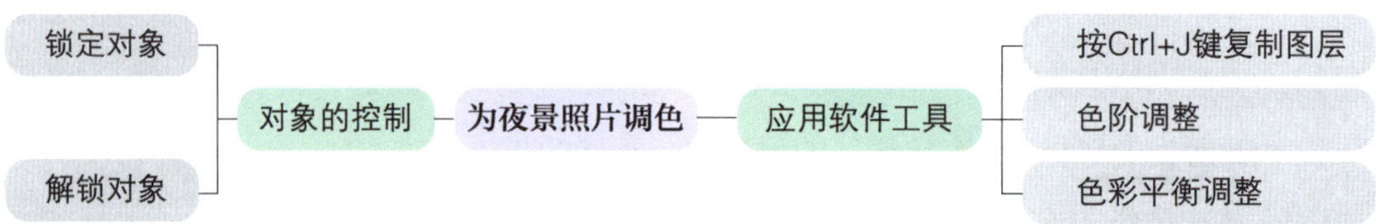

图 8–8　思维导图

三、实训计划制订

根据上一阶段的任务分析，完成实训计划的制订，填入表 8–4。

表 8–4　实训计划

序号	工作内容	所需时间

四、操作步骤提示

按照表 8–5 所列的操作步骤和操作要点，完成夜景照片的调色。

表 8–5　操作步骤提示

操作步骤	操作要点
色阶调整	打开本任务素材 1 文件，复制背景图层，在图层 1 上单击图层面板上的“创建新的填充或调整图层”按钮，选择“色阶”，调整画面对比度
色彩平衡调整	单击图层面板上的“创建新的填充或调整图层”按钮，选择“色彩平衡”，调整色彩平衡数值

五、实训评价

通过最终作品效果展示，从软件操作、实训效果、成果展示等方面，采用学生自评、学生互评、教师评价相结合的多元化评价方式进行评价，实训评价表见表 8-6。

表 8-6 实训评价表

序号	评价要求	学生自评（占比 30%）	学生互评（占比 30%）	教师评价（占比 40%）
1	对工作内容的分析准确到位（20 分）			
2	熟练运用软件，操作得当（20 分）			
3	熟练使用色阶和色彩平衡命令（30 分）			
4	灵活使用相关素材资料（20 分）			
5	图像颜色调整合理（10 分）			
综合得分				

六、实训拓展

1. 利用色阶和色彩平衡命令对本任务素材文件夹中素材 2 进行图像调整，最终效果如图 8-9 所示。

2. 利用色阶和色彩平衡命令对本任务素材文件夹中素材 3 进行图像调整，最终效果如图 8-10 所示。

图 8-9 最终效果

图 8-10 最终效果

七、知识巩固与提高

1. 在 Adobe Photoshop 2022 中可以用来调整色偏的命令是（ ）。

A. 色调均化　　B. 阈值　　C. 色彩平衡　　D. 亮度 / 对比度

2. 直方图面板中横坐标表示的是（ ）。

A. 高光　　B. 色阶指数的取值

C. 包含特定色阶值的像素数目　　　　　D. 暗调

3. 下列说法中错误的是（　　）。

A. 匹配颜色命令只对 RGB 颜色模式的图像有效

B.“色相 / 饱和度”三个滑块与“替换颜色”三个滑块的作用相同

C. 在“阈值”对话框中，阈值色阶的值越大，白色像素分布越广

D. 色调均化可实现自动色阶的功能

4. 在对偏绿的图片进行色彩校正时，用 Adobe Photoshop 2022 中的色彩平衡命令给图片增加（　　）色。

A. 黄　　　　B. 洋红　　　　C. 蓝　　　　D. 青

5. 在 Adobe Photoshop 2022 中不能用来调色的命令是（　　）。

A. 曲线　　　　B. 反相　　　　C. 照片滤镜　　　　D. 色彩范围

实训任务 3　为玫瑰花调色

一、实训情境

在某广告公司，设计师从设计总监处接受一项设计任务，为某客户设计海报，按客户所给的素材修改玫瑰颜色。要求设计师在 15 分钟内，应用 Adobe Photoshop 2022 软件完成图像处理，素材如图 8–11 所示，最终效果如图 8–12 所示。

图 8–11　素材 1

图 8–12　最终效果

二、实训分析

本次任务是根据所提供的照片素材，使用可选颜色命令与曲线命令，完成图片颜色的调整。在任务开始前，按照图 8-13 所示的思维导图复习教材中的知识点和技能点。

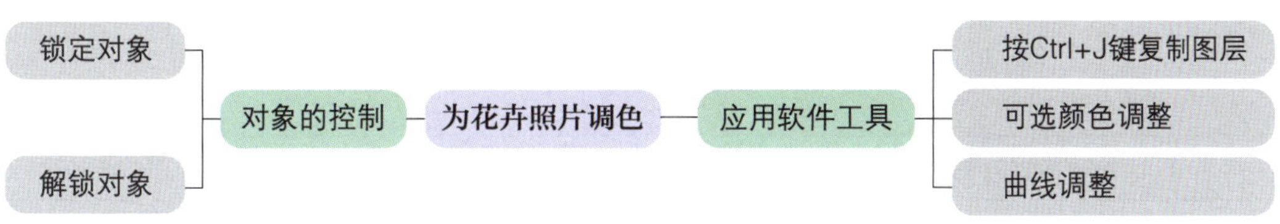

图 8-13　思维导图

三、实训计划制订

根据上一阶段的任务分析，完成实训计划的制订，填入表 8-7。

表 8-7　实训计划

序号	工作内容	所需时间

四、操作步骤提示

按照表 8-8 所列的操作步骤和操作要点，完成玫瑰花的调色。

表 8-8　操作步骤提示

操作步骤	操作要点
可选颜色调整	打开本任务素材 1 文件，复制背景图层，在图层 1 上单击图层面板上的“创建新的填充或调整图层”按钮，选择“可选颜色”，调整相对应颜色
曲线调整	单击图层面板上的“创建新的填充或调整图层”按钮，选择“曲线”，提高画面的对比度

五、实训评价

通过最终作品效果展示，从软件操作、实训效果、成果展示等方面，采用学生自评、学生互评、教师评价相结合的多元化评价方式进行评价，实训评价表见表 8–9。

表 8–9　实训评价表

序号	评价要求	学生自评（占比 30%）	学生互评（占比 30%）	教师评价（占比 40%）
1	对工作内容的分析准确到位（20 分）			
2	熟练运用软件，操作得当（20 分）			
3	熟练使用可选颜色命令与曲线命令（30 分）			
4	灵活使用相关素材资料（20 分）			
5	图像颜色调整合理（10 分）			
综合得分				

六、实训拓展

1. 利用可选颜色、曲线命令对本任务素材文件夹中素材 2 进行图像调整，最终效果如图 8–14 所示。

2. 利用可选颜色、曲线命令对本任务素材文件夹中素材 3 进行图像调整，最终效果如图 8–15 所示。

图 8–14　最终效果

图 8–15　最终效果

七、知识巩固与提高

1. 下列色彩调整命令中，可提供最精确调整的是（　　）。

A. 色阶　　B. 亮度 / 对比度　　C. 曲线　　D. 色彩平衡

2. 在 Adobe Photoshop 2022 的“曲线”对话框中，曲线比较陡说明（　　）。

A. 亮度较高　　B. 亮度较低　　C. 对比度较高　　D. 对比度较低

3. 下列说法中错误的是（　　）。

A. 利用色阶命令可以对图像的一个选区、一个图层或单个颜色通道进行调整

B. 拖动“色阶”对话框中“输入色阶”的滑块向右移动时，图像变暗

C. 修改曲线的工具有两种：曲线工具和铅笔工具

D.“曲线”对话框中的曲线向左上角弯曲时，图像一定变亮

4. 通过“曲线”对话框，可以进行的操作是（　　）。

A. 调整图像的亮度　　B. 调整图像的对比度

C. 调整图像的色彩　　D. 以上选项均可

5. 通过曲线调整不仅可以对图像的整体色调进行调整，还可以对图像的（　　）。

A. 整体亮度 / 对比度进行调整　　B. 单个明度进行调整

C. 单个颜色通道进行细致的调整　　D. 高光进行调整

项目九 综合项目训练二

实训任务　制作钟表行店铺形象海报

一、实训情境

时光缝隙钟表行于 2020 年 5 月开始营业，该店铺主要经营范围为钟表的销售、维修服务。经过多年精心经营，企业有了一定的知名度，为了宣传品牌、突出品牌形象、传播品牌理念，时光缝隙钟表行委托我院师生共同为其设计一款企业形象海报。

客户要求所设计的海报能代表企业的品牌形象、经营理念、文化特色、经营内容和特点，面对激烈的市场竞争，希望海报成品能有效、快速、深刻地印进消费者脑海，日积月累，当受众再次见到该海报时，就会联想到曾经购买的产品、接受的服务，从而将企业与受众联系起来。

本项目设计制作要求符合钟表产品行业主题，颜色淡雅，风格简约、大气、复古，符合主流审美，易于传播、识别。作品尺寸为 A4，颜色模式采用 CMYK，最终成品采用亚膜背胶材质。交付时，提供两套最优作品供客户选择，参考案例如图 9-1 所示。

图 9-1　参考案例

二、实训分析

本次任务是根据所提供的图片素材，使用文字工具、图层蒙版工具、选框工具、多边形套索工具、颜色填充命令和图层的相关知识来完成制作。在任务开始前，按照图 9-2 所示的思维导图复习教材中的知识点和技能点。

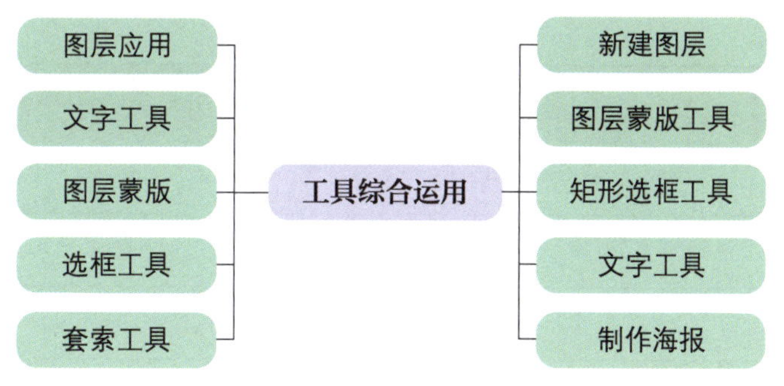

图 9-2　思维导图

三、实训过程

1. 资讯收集

通过教师给定网站或者其他网站的资料及参考案例，有针对性地收集 5 张有代表性的海报作品，并分析归纳这些作品的设计关键元素，填入表 9-1。

表 9-1　设计关键元素情况表

设计元素	特点

2. 计划任务

（1）通过分析项目情况了解企业文化、企业经营模式等一系列重点内容。

（2）归纳海报的设计特点、设计形式、设计流程等方面的内容。

（3）将所有任务进行分工，并将任务分工情况填入表 9-2。

表 9-2　任务分工情况表

组别		总监	
成员	分工	具体任务	备注

续表

成员	分工	具体任务	备注

3. 任务决策

（1）集思广益，积极讨论，完善方案。

（2）小组选派代表展示设计方案，其他小组成员相互评价，并提出修改意见，最终确定方案。

4. 任务实施

（1）小组成员深入讨论，构思草图的绘制。

（2）将最终方案进行手绘呈现。

（3）小组讨论草图初稿，填写草图设计评价表（见表 9–3），并进一步完善草图。

表 9–3　草图设计评价表

项目	评价内容	得分 / 分
分析能力（20 分）	任务书分析到位，准确把握设计关键元素	
构思能力（30 分）	构思能准确表达主题	
软件能力（20 分）	熟练运用软件将草图绘制为成品	
学习能力（20 分）	学习主动、积极	
协作能力（5 分）	小组合作，共同完成制作任务	
时间把控能力（5 分）	在规定时间内完成各项任务	
综合得分		

（4）按照完善后的草图，利用软件进行绘制，将实施过程中的经验、所遇问题和心得体会等记录在表 9–4 中。

表 9-4 实训记录表

所遇问题或难点	解决方法或心得体会

5. 作品展示

（1）小组派代表展示作品，并陈述设计理念。

（2）听取教师点评，将点评和改进意见记录在表 9-5 中。

表 9-5 作品评价表

序号	点评和改进意见

四、实训评价

本项目采用学生自评、组内互评、教师评价相结合的多元化评价方式，从学生自主学习、团队合作、软件知识的运用等方面进行评价。

1. 学生自评

对自己在本项目实训环节中的表现进行评价，填入表 9–6。

表 9–6　学生自评表（占比 25%）

序号	评价要素	分值 / 分	自评得分 / 分
1	课堂上表现活跃，积极回答问题	10	
2	在小组团队中积极讨论，协助成员完成任务	10	
3	熟练运用软件，操作得当	20	
4	熟练使用海报制作中涉及的各种工具	25	
5	灵活使用相关素材资料	20	
6	图像版式构图合理	15	
	综合得分		

2. 组内互评

小组成员在方案研讨、草图设计等环节进行组内成员相互评价，填入表 9–7。

表 9–7　组内互评表（占比 35%）

序号	评价要素	分值 / 分	互评得分 / 分
1	积极参与工作、制订计划，提前做好各项准备	15	
2	能领会企业文化，准确表达企业理念	15	
3	对任务书中的要求分析到位	20	
4	在草图绘制中体现创意、专业性	15	
5	熟练运用软件，操作得当	25	
6	团队合作意识强，具备良好的沟通表达能力	10	
	综合得分		
	评分成员		

3. 教师评价

教师针对各个小组在海报制作过程中的各方面表现进行综合性评价，包括学生对海报意义的了解、计划制订、草图绘制、软件操作和沟通能力等，填入表 9-8。

表 9-8　教师评价表（占比 40%）

项目	评价要素	分值 / 分	教师打分 / 分
规范仪态	上课除学习外，不私自使用手机	5	
	精神面貌良好，仪容仪表规范	5	
综合表现	按照班课任务学习，准确回答教师的提问	5	
	准确领会企业文化，有序开展计划制订	5	
	绘制的草图能体现企业内涵	10	
	熟练运用软件对草图进行绘制	25	
	具有良好的沟通协调能力	10	
展示拓展	作品展示有创意、形式新颖	10	
	最终成品运用效果良好	10	
	作品展示获各方良好评价	15	
综合得分			
评分教师			

五、实训拓展

1. 综合多方建议继续完善海报作品。

2. 编写、设计推文，做到图文并茂，将海报作品上传到微信公众号，进行线上作品展示。

六、知识巩固与提高

1. 蒙版图层中的黑色、白色和灰色像素控制着图层中相应位置图像的透明程度。其中，表示显示区域的是（　　）。

A. 白色　　B. 黑色　　C. 灰色　　D. 黑色和灰色

2.（　　）就像是含有文字或图形等元素的胶片，一张张按顺序叠放在一起，组合起来形成页面的最终效果。

A. 图形　　B. 图层　　C. 面板　　D. 图案

3. 将文字字符转换为工作路径时，可以将这些文字字符用作（　　）图形。

A. 矢量　　B. 文字　　C. 白色　　D. 黑色

4. Adobe Photoshop 2022 中的文字是由基于（　　）的文字轮廓组成，这些形状描述字母、数字和符号。

A. 矢量　　B. 像素　　C. 蒙版　　D. 图层

5. 在工具栏中选取文本工具并输入文字后，系统会自动在图层面板中新建一个（　　）图层。

A. 蒙版　　B. 文本　　C. 剪贴　　D. 拷贝

项目十
通道的应用、图像批处理及 GIF 动画的制作

实训任务 1　制作怀旧效果

一、实训情境

本次任务是将一张色彩鲜艳的图片调整为单调的怀旧色，并突显鲜花的色彩。要求设计师在 25 分钟内，应用 Adobe Photoshop 2022 软件完成图像处理，素材如图 10-1 所示，最终效果如图 10-2 所示。

图 10-1　素材 1

图 10-2　最终效果

二、实训分析

本次任务是根据所提供的照片素材，根据 CMYK 颜色、多通道、色阶、合并专色通道等相关知识进行图片处理，把图片的色彩在不同的通道中进行调整。在任务开始前，按照图 10-3 所示的思维导图复习教材中的知识点和技能点。

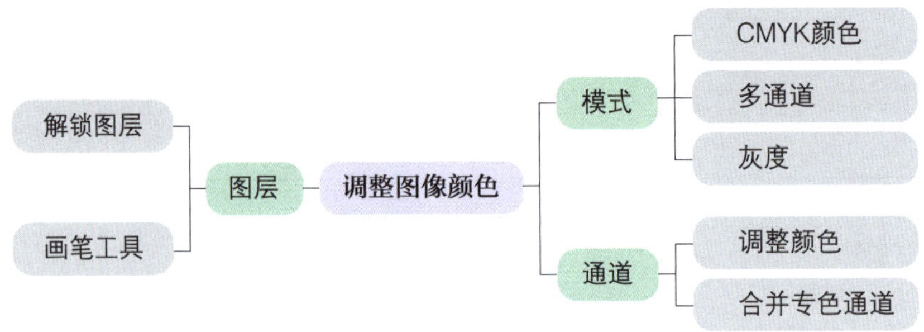

图 10-3　思维导图

三、实训计划制订

根据上一阶段的任务分析，完成实训计划的制订，填入表 10-1。

表 10-1　实训计划

序号	工作内容	所需时间

四、操作步骤提示

按照表 10-2 所列的操作步骤和操作要点，完成怀旧效果的制作。

表 10-2　操作步骤提示

操作步骤	操作要点
通道转换	打开本任务素材 1 文件，调整图片至合适位置和大小。选择“图像”→“模式”→“CMYK 颜色”，观察通道；选择“图像”→“模式”→“多通道”，观察通道；选择“图像”→“模式”→“灰度”，将青色通道转换为灰色通道

续表

操作步骤	操作要点
图像调整	在通道面板中选择不同的通道，通过选择“图像”→“调整”→“色阶”，增加图像的对比度；双击所选通道，调整颜色的明暗 
合并专色通道	选择“图像”→“模式”→“RGB颜色”，按住 Shift 键的同时选中全部通道，单击通道面板的扩展按钮，选择“合并专色通道”，将专色通道与颜色通道合并（即用 R、G、B 三个通道的参数记录专色通道中的颜色） 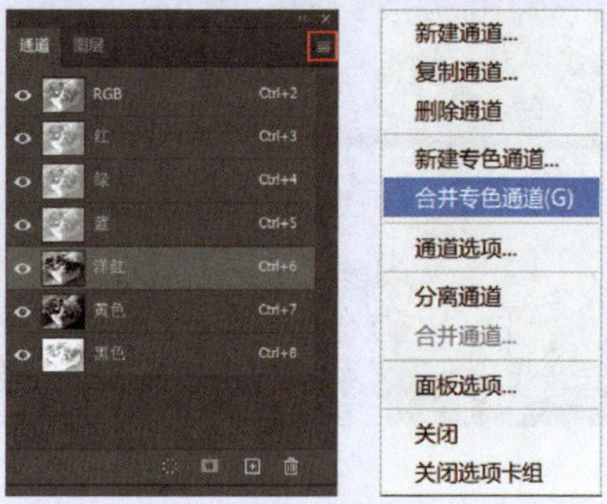
颜色还原	回到图层面板，选择“历史记录画笔工具”，将图像中花的颜色还原

五、实训评价

通过最终作品效果展示，从软件操作、实训效果、成果展示等方面，采用学生自评、学生互评、教师评价相结合的多元化评价方式进行评价，实训评价表见表 10–3。

表 10–3　实训评价表

序号	评价要求	学生自评（占比 30%）	学生互评（占比 30%）	教师评价（占比 40%）
1	对工作内容的分析准确到位（20 分）			
2	熟练运用软件，操作得当（20 分）			
3	熟练使用图像模式、画笔工具（30 分）			
4	灵活使用相关素材资料（20 分）			
5	图像呈现效果良好（10 分）			
综合得分				

六、实训拓展

1. 在图 10–4 所示的素材基础上，淡化画面荷叶绿色的视觉冲击，突出荷花的色彩和姿态，提升画面，以荷花为主视觉中心点，使用 Adobe Photoshop 2022 软件完成以上要求的画面效果的制作。

2. 利用图 10–5 所示的素材，完成陈旧、具有历史性的红墙与高洁、芬芳、纯洁的新生玉兰花之间的鲜明对比，使用 Adobe Photoshop 2022 软件完成以上要求的画面效果的制作。

图 10–4　荷花

图 10–5　玉兰花

七、知识巩固与提高

1. RGB 颜色模式将每种颜色都看作（　　）三个分量的组合，为每个分量分别分配一个强度值。通过三个分量不同强度值的组合即可记录不同的颜色。

A. 红色、绿色、蓝色　　B. 红色、黄色、蓝色

C. 红色、黄色、绿色　　D. 红色、黄色、青色

2. CMYK 颜色模式将每种颜色都看作（　　）四个分量的组合，将每个分量用百分比记录，百分比越高，颜色越深。CMYK 颜色模式常用于印刷，四个分量实际对应四种颜色的油墨。

A. 青色、红色、黄色、黑色　　B. 青色、洋红色、黄色、黑色

C. 绿色、红色、黄色、黑色　　D. 绿色、洋红色、黄色、黑色

3. 位图模式仅使用（　　）色或（　　）色表示图像中的像素。

A. 红、白　　B. 红、黑

C. 黑、白　　D. 黑、黄

4. 多通道模式图像中可包含多个通道，每个通道中包含（　　）个灰阶，可用于特殊打印。

A. 253　　B. 254

C. 255　　D. 256

5. 每个图像都有一个或多个颜色通道，图像中默认的颜色通道数取决于其颜色模式，即一个图像的颜色模式决定其颜色通道的数量。在默认情况下，CMYK 图像有 4 个通道；RGB 和 Lab 图像有（　　）个通道；位图模式、灰度、双色调和索引颜色图像只有 1 个通道。

A. 1　　B. 2

C. 3　　D. 4

实训任务 2　为花图镶边

一、实训情境

在某摄影工作室，设计师从设计总监处接受一项设计任务，为客户进行电商产品图片处理，把图片嵌入麻布图案中，让产品既增加边框又产生对比。要求设计师在 25 分钟内，应用 Adobe Photoshop 2022 软件完成图像处理，素材如图 10–6 所示，最终效果如图 10–7 所示。

a）

b）

图 10–6　素材

a）素材 1　b）素材 2

图 10-7　最终效果

二、实训分析

本次任务是根据所提供的照片素材，通过 Alpha 通道载入选区等操作进行图片处理，给产品添加一个麻布质感的边框。在任务开始前，按照图 10-8 所示的思维导图复习教材中的知识点和技能点。

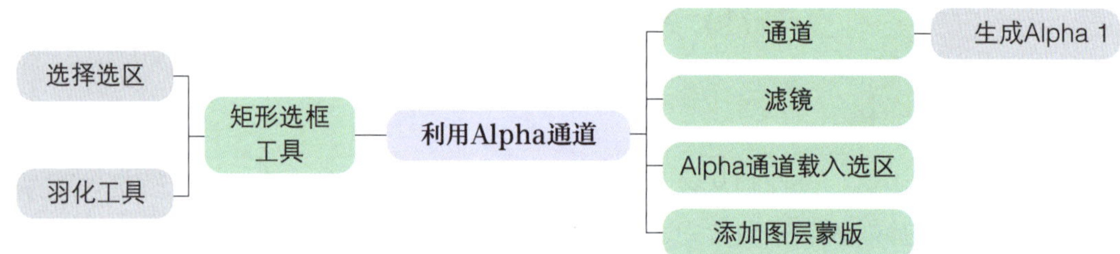

图 10-8　思维导图

三、实训计划制订

根据上一阶段的任务分析，完成实训计划的制订，填入表 10-4。

表 10-4　实训计划

序号	工作内容	所需时间

四、操作步骤提示

按照表 10–5 所列的操作步骤和操作要点，完成为花图镶边的操作。

表 10–5　操作步骤提示

操作步骤	操作要点
确定选区	打开本任务素材 1、素材 2 文件，选择“矩形选框工具”，在选项栏中设置羽化的像素，在图像中绘制一个较大的矩形选区 
生成 Alpha 1 通道	选择通道面板，单击“将选区存储为通道”按钮，生成 Alpha 1 通道 
设置滤镜效果	选择“滤镜”→“像素化”，执行反相操作，选择 Alpha 1 通道，选择“选择”→“载入选区” 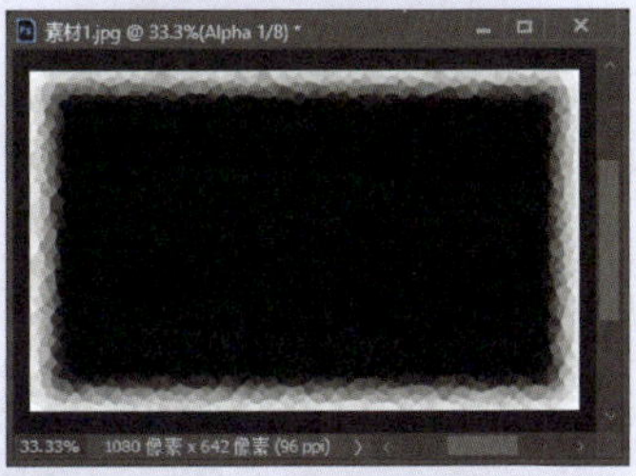
添加图层蒙版	回到图层面板，选择“图层 1”，单击“添加蒙版”按钮，为图层 1 添加图层蒙版  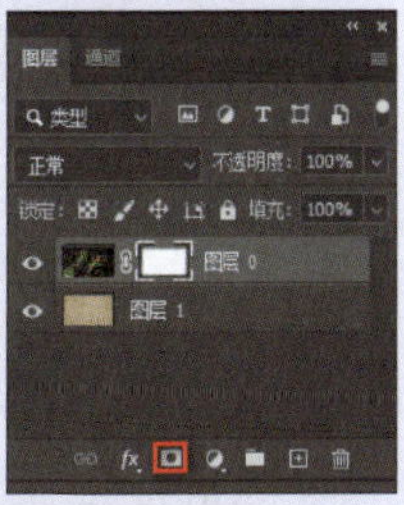

五、实训评价

通过最终作品效果展示，从软件操作、实训效果、成果展示等方面，采用学生自评、学生互评、教师评价相结合的多元化评价方式进行评价，实训评价表见表 10–6。

表 10–6　实训评价表

序号	评价要求	学生自评（占比 30%）	学生互评（占比 30%）	教师评价（占比 40%）
1	对工作内容的分析准确到位（20 分）			
2	熟练运用软件，操作得当（20 分）			
3	熟练使用 Alpha 通道、滤镜工具（30 分）			
4	灵活使用相关素材资料（20 分）			
5	图像呈现效果良好（10 分）			
综合得分				

六、实训拓展

1. 俗话说：“三分画，七分裱”，为图 10–9 所示的素材添加合适的画框装裱以衬托画面，使用 Adobe Photoshop 2022 软件完成以上要求的画面效果的制作。

2. 在图 10–10 所示的素材基础上进行创意创作，使水果看起来晶莹水润，使用 Adobe Photoshop 2022 软件完成以上要求的画面效果的制作。

图 10–9　画

图 10–10　水果

七、知识巩固与提高

1. Alpha 通道是一种特殊通道，主要用来创建和存储选区。在 Alpha 通道中，(　　) 色代表选区，(　　) 色代表非选区，灰度图像代表有一定羽化效果的选区。

A. 白、黑　　B. 黑、白　　C. 白、红　　D. 红、黑

2. 在通道面板中可以同时显示出图像中的（　　）通道、(　　）通道及（　　）通道，每个通道都以一个小图标的形式展现，以便控制。

A. 红色、绿色、蓝色　　　　B. 颜色、专色、Alpha
C. 黑色、白色、灰色　　　　D. 颜色、专色、灰色

3.（　　）通道是计算机图形学中的术语，是一类特别的通道。有时，它特指透明信息，但通常指的是非彩色通道。

A. Alpha　　B. 专色　　C. 颜色　　D. 复合

4.（　　）通道是一种特殊的颜色通道，它可以使用除了青色、洋红色（或称品红色）、黄色、黑色的颜色来绘制图像。

A. Alpha　　B. 专色　　C. 颜色　　D. 复合

5. 在 Adobe Photoshop 2022 中反向选择的快捷键是（　　）键。

A. Ctrl+Shift+I　　B. Ctrl+I　　C. Shift+I　　D. Ctrl+Shift+A

实训任务 3　制作猫粮广告画

一、实训情境

在某广告公司，设计师从设计总监处接受一项设计任务，为某客户拍摄的猫粮图片添加一只猫。要求设计师在 25 分钟内，应用 Adobe Photoshop 2022 软件完成猫粮广告画效果图交给客户，素材如图 10-11 所示，最终效果如图 10-12 所示。

a）

b）

图 10-11　素材
a）素材 1　b）素材 2

图 10-12　最终效果

二、实训分析

本次任务是根据所提供的照片素材，使用图像调整工具、绘图工具进行图像处理，做出猫粮广告效果图。在任务开始前，按照图 10-13 所示的思维导图复习教材中的知识点和技能点。

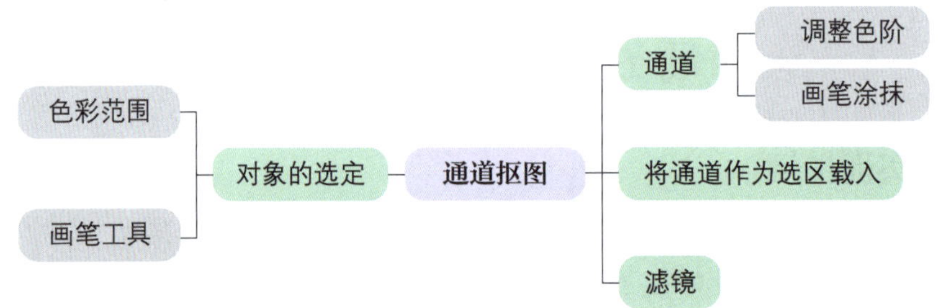

图 10-13　思维导图

三、实训计划制订

根据上一阶段的任务分析，完成实训计划的制订，填入表 10-7。

表 10-7　实训计划

序号	工作内容	所需时间

续表

序号	工作内容	所需时间

四、操作步骤提示

按照表 10-8 所列的操作步骤和操作要点，完成猫粮广告画的制作。

表 10-8　操作步骤提示

操作步骤	操作要点
通道抠图	导入本任务素材 1、素材 2 文件，在素材 1 通道图上，观察差异大的通道图，调整图像产生对比，利用画笔工具处理好猫与背景的关系 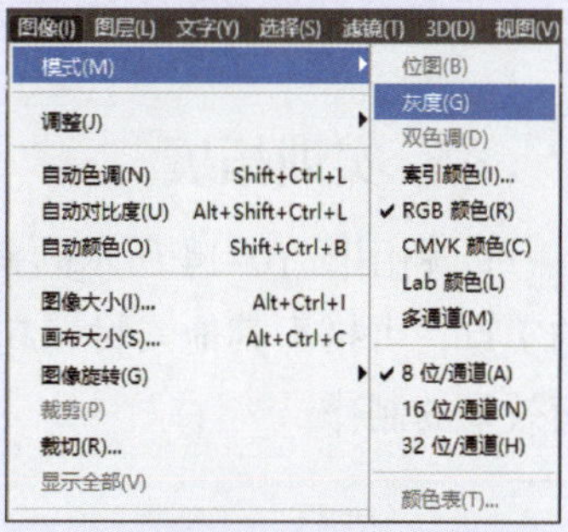
图像调整	调整图像至合适位置与大小，观察画面效果，进行调整色彩、添加滤镜效果等操作 
调整处理画面	返回到图层，复制出所需的猫，调整图片的位置，把猫与猫粮重叠的部分抠除

五、实训评价

通过最终作品效果展示，从软件操作、实训效果、成果展示等方面，采用学生自评、学生互评、教师评价相结合的多元化评价方式进行评价，实训评价表见表 10-9。

表 10-9 实训评价表

序号	评价要求	学生自评（占比 30%）	学生互评（占比 30%）	教师评价（占比 40%）
1	对工作内容的分析准确到位（20 分）			
2	熟练运用软件，操作得当（20 分）			
3	熟练使用图像调整工具、绘图工具（30 分）			
4	灵活使用相关素材资料（20 分）			
5	图像呈现效果良好（10 分）			
综合得分				

六、实训拓展

1. 利用图 10-14 所示的素材，对草莓进行广告创意画制作，表现草莓“表里如一”的卖点，可搭配其他素材一起使用，使用 Adobe Photoshop 2022 软件完成以上要求的画面效果的制作。

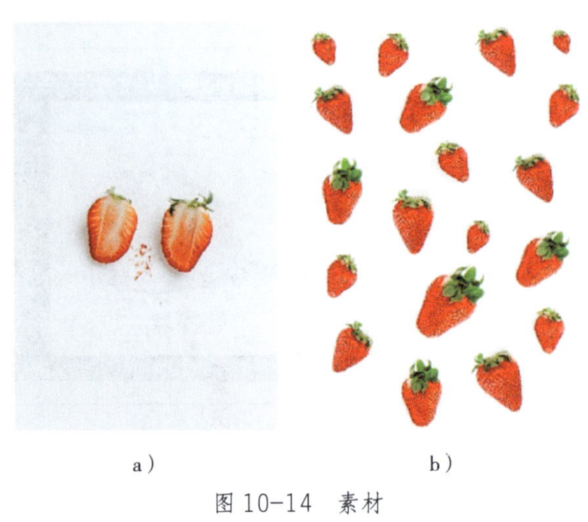

a） b）

图 10-14 素材
a）素材 3 b）素材 4

2. 利用图 10-15 所示的素材，帮小羊回归到大自然的怀抱，使用 Adobe Photoshop 2022 软件完成以上要求的画面效果的制作。

a）　　　　b）

图 10-15　素材
a）素材 5　b）素材 6

七、知识巩固与提高

1. 下列工具中，可以方便地选择连续的颜色相似区域的是（　　）。

A. 矩形选框工具　　B. 椭圆选框工具

C. 魔棒工具　　D. 磁性套索工具

2. 色阶命令的快捷键是（　　）键。

A. Ctrl+L　　B. Ctrl+A　　C. Ctrl+S　　D. Ctrl+E

3. 调整 Adobe Photoshop 2022 中抠出产品的大小时，需按住（　　）键，以保证产品不会变形。

A. Ctrl　　B. Shift　　C. Alt　　D. Tab

4. 如果抠出的图像边缘很突兀，可采用（　　）的方法消除。

A. 调整颜色　　B. 羽化边缘

C. 重新抠图　　D. 使用魔棒工具

5. 在 Adobe Photoshop 2022 软件中抠图的方法有很多，下列工具中不会在抠图时用到的是（　　）。

A. 橡皮擦　　B. 魔棒工具

C. 画笔工具　　D. 多边形套索工具

实训任务 4　制作“深秋”插画

一、实训情境

在某广告公司，设计师从设计总监处接受一项设计任务，为某旅游区设计广告海报，对春天拍摄的图片进行颜色处理。要求设计师在 25 分钟内，应用 Adobe Photoshop 2022 软件完成图像处理，素材如图 10–16 所示，最终效果如图 10–17 所示。

图 10–16　素材 1

图 10–17　最终效果

二、实训分析

本次任务是根据所提供的照片素材，通过计算命令、图像调整工具、蒙版工具、画笔工具进行背景换色。在任务开始前，按照图 10–18 所示的思维导图复习教材中的知识点和技能点。

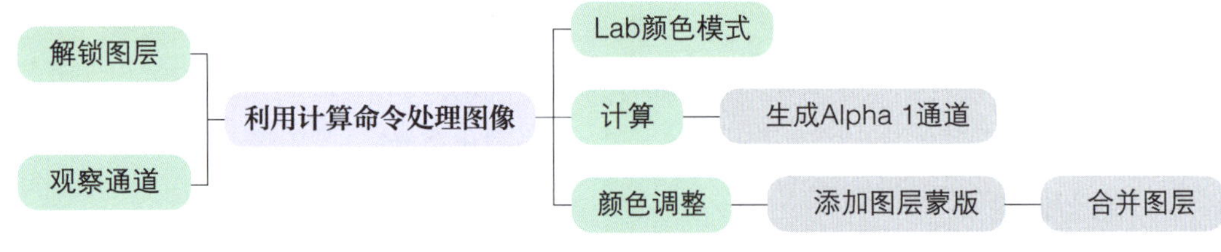

图 10–18　思维导图

三、实训计划制订

根据上一阶段的任务分析，完成实训计划的制订，填入表 10–10。

表 10–10　实训计划

序号	工作内容	所需时间

续表

序号	工作内容	所需时间

四、操作步骤提示

按照表 10-11 所列的操作步骤和操作要点，完成“深秋”插画的制作。

表 10-11　操作步骤提示

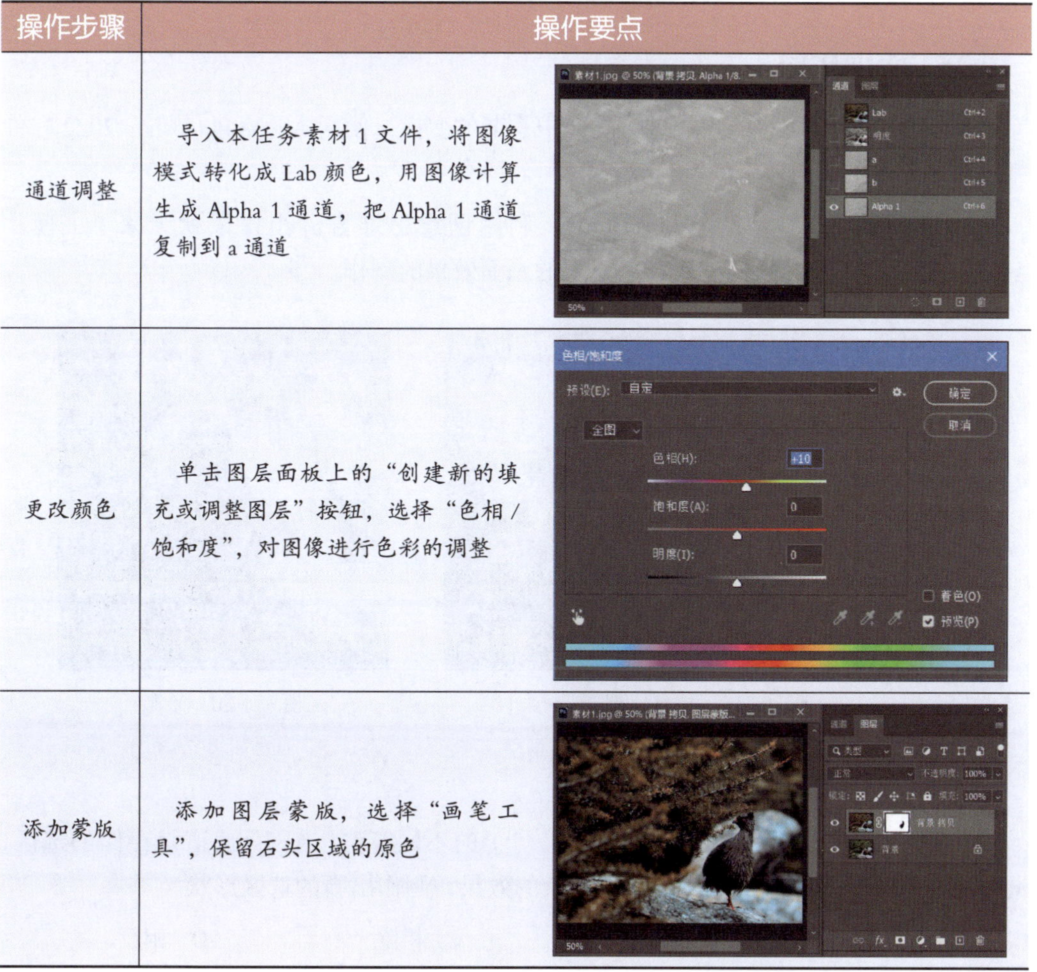

操作步骤	操作要点
通道调整	导入本任务素材 1 文件，将图像模式转化成 Lab 颜色，用图像计算生成 Alpha 1 通道，把 Alpha 1 通道复制到 a 通道
更改颜色	单击图层面板上的“创建新的填充或调整图层”按钮，选择“色相/饱和度”，对图像进行色彩的调整
添加蒙版	添加图层蒙版，选择“画笔工具”，保留石头区域的原色

五、实训评价

通过最终作品效果展示，从软件操作、实训效果、成果展示等方面，采用学生自评、学生互评、教师评价相结合的多元化评价方式进行评价，实训评价表见表 10–12。

表 10–12 实训评价表

序号	评价要求	学生自评（占比 30%）	学生互评（占比 30%）	教师评价（占比 40%）
1	对工作内容的分析准确到位（20 分）			
2	熟练运用软件，操作得当（20 分）			
3	熟练使用计算命令、图像调整工具等（30 分）			
4	灵活运用相关素材资料（20 分）			
5	图像呈现效果良好（10 分）			
综合得分				

六、实训拓展

1. 对图 10–19 所示的素材进行画面中季节的变换，使用 Adobe Photoshop 2022 软件完成以上要求的画面效果的制作。

2. 在图 10–20 所示的素材基础上，利用创意思维告诉小松鼠秋天来了，使用 Adobe Photoshop 2022 软件完成以上要求的画面效果的制作。

图 10–19 建筑一角

图 10–20 松鼠

七、知识巩固与提高

1. 选区之间可以有相加、相减、(　　) 的不同算法。Alpha 通道是存储的选区，同样可以利用计算的方法来实现各种复杂的效果，制作出新的选区形状。

A. 相乘　　B. 相交　　C. 相除　　D. 相反

2. 在“计算”对话框中，可以选择（　　）、计算使用的混合方式以及计算结果存储的位置。

A. 模式　　B. 蒙版　　C. 计算源　　D. 图层

3. 在混合方式中可以设置透明度的变化，也可以选择一个（　　）通道，使计算局限于图像的某一个局部区域。

A. 红色　　B. 图层　　C. 蒙版　　D. 灰色

4. 在 Adobe Photoshop 2022 软件中，全部选中命令的快捷键是（　　）键。

A. Ctrl+A　　B. Ctrl+U　　C. Ctrl+S　　D. Ctrl+I

5. 在 Adobe Photoshop 2022 软件中，色相 / 饱和度命令的快捷键是（　　）键。

A. Ctrl+A　　B. Ctrl+U　　C. Ctrl+S　　D. Ctrl+I

实训任务 5　添加水印

一、实训情境

在某广告公司，设计师从设计总监处接受一项设计任务，为某公司画册图添加水印效果。要求设计师在 25 分钟内，应用 Adobe Photoshop 软件完成水印添加，最终效果如图 10-21 所示。

图 10-21　最终效果

二、实训分析

本次任务是根据所提供的照片素材，通过记录动作、批处理来添加水印效果。在任务开始前，按照图 10-22 所示的思维导图复习教材中的知识点和技能点。

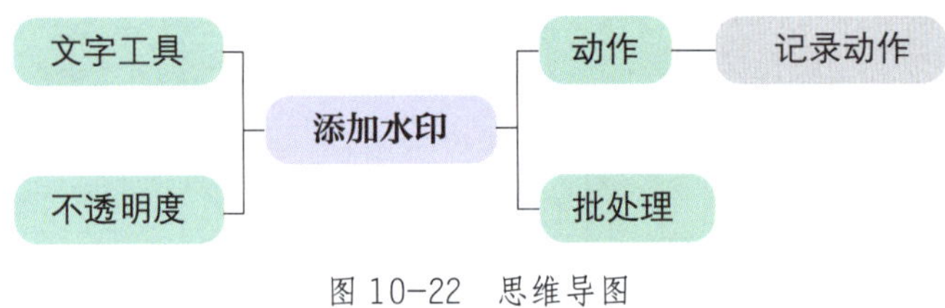

图 10-22　思维导图

三、实训计划制订

根据上一阶段的任务分析，完成实训计划的制订，填入表 10-13。

表 10-13　实训计划

序号	工作内容	所需时间

四、操作步骤提示

按照表 10-14 所列的操作步骤和操作要点，完成水印的批量添加。

表 10-14　操作步骤提示

操作步骤	操作要点
记录动作	导入本任务素材文件，调整图片至合适位置和大小，在动作面板上创建新组、创建新动作，设置好参数，对操作过程进行记录
添加水印文字效果	选择“文字工具”，输入所需文字内容，调整各项参数，结束记录
批处理	选择“文件”→“自动”→“批处理”，设置参数即可完成文件夹所有图片的水印添加

五、实训评价

通过最终作品效果展示，从软件操作、实训效果、成果展示等方面，采用学生自评、学生互评、教师评价相结合的多元化评价方式进行评价，实训评价表见表 10–15。

表 10–15　实训评价表

序号	评价要求	学生自评（占比 30%）	学生互评（占比 30%）	教师评价（占比 40%）
1	对工作内容的分析准确到位（20 分）			
2	熟练运用软件，操作得当（20 分）			
3	熟练使用动作面板、文字工具等（30 分）			
4	灵活使用相关素材资料（20 分）			
5	图像呈现效果良好（10 分）			
综合得分				

六、实训拓展

1. 利用图 10–23 所示的素材对动物头像进行证件照尺寸（一寸）裁剪和信息录入（某动物园等基础信息）的操作，利用批处理命令对其他动物头像执行相同操作，使用

Adobe Photoshop 2022 软件完成制作。

2. 由于某购物网站对图片上传的要求，现需要对图 10–24 所示的素材进行设置，要求图片尺寸大小为 860 像素 ×860 像素，分辨率为 72 像素，添加公司水印，输出 JPG 格式的图片，利用批处理命令对其他汽车模型图执行相同操作，使用 Adobe Photoshop 2022 软件完成制作。

图 10–23 动物头像（示例）

图 10–24 汽车模型图（示例）

七、知识巩固与提高

1. 批量修改图像色彩模式和尺寸可以通过（　　）来实现。

A. 保存图像色彩信息　　B. Web 照片画廊

C. 图像处理器　　D. 批处理命令

2. 批处理命令可以将一个指定的（　　）应用于一个文件夹中的所有图像。

A. 动作　　B. 命令

C. 图片　　D. 面板

3. 记录动作时，不能被记录的是（　　）操作。

A. 移动画布　　B. 关闭文件

C. 调整颜色　　D. 合并图层

4. 下列图像文件格式中，被广泛应用于网络上的是（　　）。

A. JPG、GIF　　B. PSD、PDDC

C. PSD、JPG　　D. BMP、PDD

5. 下列命令中，可以对所选的所有图像进行相同操作的是（　　）。

A. 批处理　　B. 动作

C. 历史记录　　D. 变换

实训任务 6 制作“心动的猫”动画

一、实训情境

在某广告公司，设计师从设计总监处接受一项设计任务，为某公司画册添加“心动”的动画效果。要求设计师在 25 分钟内，应用 Adobe Photoshop 2022 软件完成制作，素材如图 10–25 所示，最终效果如图 10–26 所示。

图 10–25 素材 1

图 10–26 最终效果

二、实训分析

本次任务是根据所提供的照片素材，使用时间轴、自定形状工具添加“心动”的动画效果。在任务开始前，按照图 10–27 所示的思维导图复习教材中的知识点和技能点。

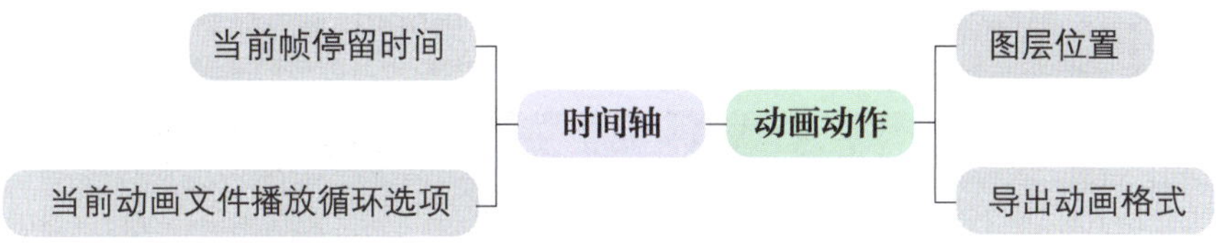

图 10–27 思维导图

三、实训计划制订

根据上一阶段的任务分析，完成实训计划的制订，填入表 10–16。

表 10–16 实训计划

序号	工作内容	所需时间

续表

序号	工作内容	所需时间

四、操作步骤提示

按照表 10-17 所列的操作步骤和操作要点，完成“心动的猫”动画的制作。

表 10-17　操作步骤提示

操作步骤	操作要点
使用自定形状工具	打开本任务素材 1 文件，调整图片至合适位置和大小，在窗口中添加时间轴，创建帧动画，在图片中绘制所需形状，设置参数，调整色彩 
运用时间轴	在时间轴帧动画中复制所选帧，调整形状大小，隐藏不需要的图层，重复一次以上步骤，帧与帧之间可以使用过渡动画帧命令，使画面更流畅 
导出文件	选择“文件”→“导出”→“储存为 Web 所用格式（旧版）”，设置相关参数，将文件保存为 GIF 格式

五、实训评价

通过最终作品效果展示，从软件操作、实训效果、成果展示等方面，采用学生自评、学生互评、教师评价相结合的多元化评价方式进行评价，实训评价表见表 10-18。

表 10-18　实训评价表

序号	评价要求	学生自评（占比 30%）	学生互评（占比 30%）	教师评价（占比 40%）
1	对工作内容的分析准确到位（20 分）			
2	熟练运用软件，操作得当（20 分）			
3	熟练使用时间轴帧动画、自定形状工具（30 分）			
4	灵活使用相关素材资料（20 分）			
5	图像呈现效果良好（10 分）			
综合得分				

六、实训拓展

1. 使用 Adobe Photoshop 2022 软件为图 10-28 所示的礼物素材添加创意祝福文字并制作文字动画特效，让祝福文字按顺序慢慢出现在画面上。

2. 使用 Adobe Photoshop 2022 软件为图 10-29 所示的心形素材添加创意，让大心形里面的小心形图案游动起来，最后再拼合成完整的大心形。

图 10-28　礼物

图 10-29　心形

七、知识巩固与提高

1.（　　）的每一帧都是独立的内容，用户可以在每一帧上绘制需要的图像。

A. GIF 动画　　B. 时间轴动画　　C. 帧动画　　D. 视频

2. 如果已经打开了一幅图像，则该图像会显示为动画的（　　）。

A. 第一帧　　B. 第二帧　　C. 关键帧　　D. 最后一帧

3. 复制当前图层的快捷键是（　　）键。

A. Ctrl+D　　B. Ctrl+J　　C. Ctrl+E　　D. Alt+J

4. 历史记录面板默认的记录步骤是（　　）步。

A. 10　　B. 20　　C. 30　　D. 40

5. 使用变换命令中的缩放命令时，按住（　　）键可以保证图像等比例缩放。

A. Alt　　B. Ctrl　　C. Shift　　D. Ctrl+Shift

项目十一
综合项目训练三

实训任务　制作摄影工作室宣传折页

一、实训情境

时光缝隙摄影工作室于 2020 年 2 月开始营业，该工作室主营艺术人像摄影、校园人像摄影、艺术证件照摄影。经过两年多的精心经营，该工作室有了一定的知名度，为了宣传品牌、确定品牌定位、传播品牌理念，时光缝隙摄影工作室委托我院师生共同为其设计一款宣传折页。

客户要求所设计的宣传折页能体现该工作室的摄影风格、专业能力、企业理念、艺术追求等，能够在竞争激烈和科技先进的时代留住美好，希望所交付的折页能更好地传递信息、宣传企业，让目标客户群体产生深刻的记忆。经过日积月累，当客户群体有需求时就会想到品牌的特色与理念，从而将该摄影工作室与大众联系起来。

图 11-1　参考案例

本项目设计制作要求符合摄影工作室业务主题，文艺、清新、自然、简约、复古，符合主流审美，易于传播、识别。作品为宽 300 毫米、长 450 毫米的三折页，颜色模式为 CMYK，使用 150 克铜版纸印刷。交付时，提供两套最优成品供客户选择，参考案例如图 11-1 所示。

二、实训分析

本次任务是根据所提供的图片素材，使用钢笔工具、绘图工具、文字工具、滤镜工具、颜色填充命令和图层的相关知识来完成制作。在任务开始前，按照图 11–2 所示的思维导图复习教材中的知识点和技能点。

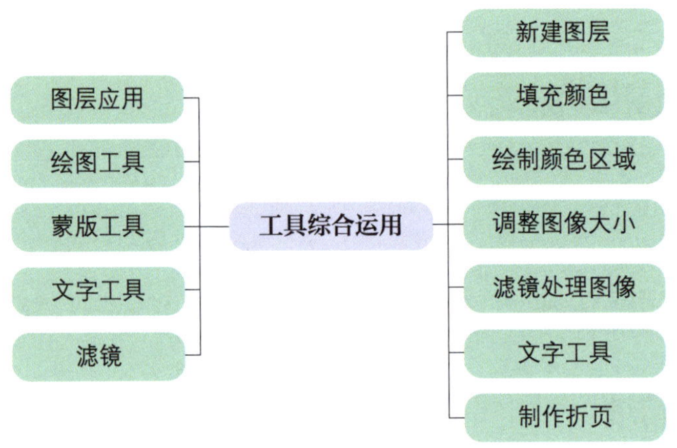

图 11–2　思维导图

三、实训过程

1. 资讯收集

通过教师给定网站或者其他网站的资料及参考案例，有针对性地收集 5 张有代表性的折页作品，并分析归纳这些作品的设计关键元素，填入表 11–1。

表 11–1　设计关键元素情况表

设计元素	特点

2. 计划任务

（1）通过分析项目情况了解企业文化、企业业务范围等一系列重点内容。

（2）归纳折页的设计特点、设计形式、设计流程等方面的内容。

（3）将所有任务进行分工，并将任务分工情况填入表 11–2。

表 11–2　任务分工情况表

组别		总监	
成员	分工	具体任务	备注

3. 任务决策

（1）集思广益，积极讨论，完善方案。

（2）小组选派代表展示设计方案，其他小组成员相互评价，并提出修改意见，最终确定方案。

4. 任务实施

（1）小组成员深入讨论，构思草图的绘制。

（2）将最终方案进行手绘呈现。

（3）小组讨论草图初稿，填写草图设计评价表（见表 11–3），并进一步完善草图。

表 11–3　草图设计评价表

项目	评价内容	得分 / 分
分析能力（20 分）	任务书分析到位，准确把握设计关键元素	
构思能力（30 分）	构思能准确表达主题	
软件能力（20 分）	熟练运用软件将草图绘制为成品	
学习能力（20 分）	学习主动、积极	
协作能力（5 分）	小组合作，共同完成制作任务	
时间把控能力（5 分）	在规定时间内完成各项任务	
综合得分		

（4）按照完善后的草图，利用软件进行绘制，将实施过程中的经验、所遇问题和心得体会等记录在表 11–4 中。

表 11–4　实训记录表

所遇问题或难点	解决方法或心得体会

5. 作品展示

（1）小组派代表展示作品，并陈述设计理念。

（2）听取教师点评，将点评和改进意见记录在表 11–5 中。

表 11–5　作品评价表

序号	点评和改进意见

四、实训评价

本项目采用学生自评、小组互评、教师评价相结合的多元化评价方式，从学生自主学习、团队合作、软件知识的运用等方面进行评价。

1. 学生自评

对自己在本项目实训环节中的表现进行评价，填入表 11–6。

表 11–6　学生自评表（占比 25%）

序号	评价要素	分值 / 分	自评得分 / 分
1	课堂上表现活跃，积极回答问题	10	
2	在小组团队中积极讨论，协助成员完成任务	10	
3	熟练运用软件，操作得当	20	
4	熟练使用折页制作中涉及的各种工具	25	
5	灵活使用相关素材资料	20	
6	图像版式构图合理	15	
综合得分			

2. 组内互评

小组成员在方案研讨、草图设计等环节进行组内成员相互评价，填入表 11–7。

表 11–7　组内互评表（占比 35%）

序号	评价要素	分值 / 分	互评得分 / 分
1	积极参与工作、制订计划，提前做好各项准备	15	
2	能领会企业文化，准确表达企业理念	15	
3	对任务书中的要求分析到位	20	
4	在草图绘制中体现创意、专业性	15	
5	熟练运用软件，操作得当	25	
6	团队合作意识强，具备良好的沟通表达能力	10	
综合得分			
评分成员			

3. 教师评价

教师针对各个小组在宣传折页制作过程中的各方面表现进行综合性评价，包括学生对宣传折页意义的了解、计划制订、草图绘制、软件操作和沟通能力等，填入表 11-8。

表 11-8　教师评价表（占比 40%）

项目	评价要素	分值 / 分	教师打分 / 分
规范仪态	上课除学习外，不私自使用手机	5	
	精神面貌良好，仪容仪表规范	5	
综合表现	按照班课任务学习，准确回答教师的提问	5	
	准确领会企业文化，有序开展计划制订	5	
	绘制的草图能体现企业内涵	10	
	熟练运用软件对草图进行绘制	25	
	具有良好的沟通协调能力	10	
展示拓展	作品展示有创意、形式新颖	10	
	最终成品运用效果良好	10	
	作品展示获各方良好评价	15	
综合得分			
评分教师			

五、实训拓展

1. 综合多方建议继续完善宣传折页作品。

2. 编写、设计推文，做到图文并茂，将宣传折页作品上传到微信公众号，进行线上作品展示。

六、知识巩固与提高

1. 向下合并图层的快捷键是（　　）键。

A. Ctrl+Shift+E　　B. Ctrl+E　　C. Ctrl+T　　D. Shift+E

2. 选择多个不连续的图层时，按住（　　）键，逐一单击需要选中的图层，可以选择全部被单击的图层。

A. Alt+Shift　　B. Alt　　C. Shift　　D. Ctrl

3.（　　）工具主要用于绘制路径，使用它可以绘制出平滑、复杂的路径。

A. 蒙版　　B. 画笔　　C. 钢笔　　D. 选框

4. 使用钢笔工具创建路径时，按住（　　）键，可以将钢笔工具暂时转换为转换点工具。

A. Shift　　B. Ctrl　　C. Alt　　D. 空格

5. 在图像中创建路径后，按（　　）键，可以将路径转化为选区。

A. Shift+Alt　　B. Ctrl+Alt

C. Alt+Ctrl+Enter　　D. Ctrl+Enter